农业机械化技术研究

王茂文　周远非　雷　彪◎著

吉林科学技术出版社

图书在版编目（CIP）数据

农业机械化技术研究 / 王茂文，周远非，雷彪著
. -- 长春 : 吉林科学技术出版社，2023.7
ISBN 978-7-5744-0735-0

Ⅰ. ①农… Ⅱ. ①王… ②周… ③雷… Ⅲ. ①农业机械化－研究－中国 Ⅳ. ①S23

中国国家版本馆 CIP 数据核字(2023)第 153187 号

农业机械化技术研究

著　　王茂文　周远非　雷　彪
出 版 人　宛　霞
责任编辑　赵海娇
封面设计　金熙腾达
制　　版　金熙腾达
幅面尺寸　185mm × 260mm
开　　本　16
字　　数　243 千字
印　　张　10.75
印　　数　1–1500 册
版　　次　2023年7月第1版
印　　次　2024年2月第1次印刷

出　　版　吉林科学技术出版社
发　　行　吉林科学技术出版社
地　　址　长春市福祉大路5788号
邮　　编　130118
发行部电话/传真　0431-81629529 81629530 81629531
81629532 81629533 81629534
储运部电话　0431-86059116
编辑部电话　0431-81629518
印　　刷　三河市嵩川印刷有限公司

书　　号　ISBN 978-7-5744-0735-0
定　　价　75.00元

前　言

传统的农业机械推广方式都是农业机械推广单位以政府制定颁布的推广政策和要求来执行的，符合当时的时代发展要求。现阶段，农业机械化缺乏完善的推广机制，农机推广人员专业技术能力有待提高，难以开展推广工作，进而影响农业机械化的推广，从而形成了一个恶性循环。

农业机械化为农业生产提供了现代化的技术和设备，改善了农业生产环境，提高了农业生产水平和综合生产能力。许多大型、先进的农业机械被投入到农业生产中去，提高了农业生产的效率，缩短了耕种时间，降低了农村劳动力的大量投入。

推动农业向现代化、机械化、产业化方向发展须对农业生产结构进行科学、合理的转型升级，而农业机械化技术的推广推动了农业结构调整升级。

随着农业生产中机械化水平的不断应用和提高，加强农业机械设备按农作物品种和分区作业的应用，可以促进农业经济和农产品结构的转型升级。同时，发展了与农业结构转型升级相适应的农业机械，调整优化了农业机械化发展的局面，促进农业朝着现代化、机械化、产业化方向发展。

我国属于农业大国，农业生产在地区经济发展中占据着主导地位。而将农业机械自动化技术应用到实际生产中，不仅可以改变很多传统的劳动方式，有效提升农业劳作人员的生产效率，而且可以进一步推动我国农业生产和经济高效、快速发展，进一步发展地方经济，增加务农人员的经济收入，为建设现代化新农村贡献力量。本书从农业机械设备介绍出发，对农作物育种与种子生产、设施农业技术做了介绍，阐述了花生和玉米生产全程机械化技术等内容，最后对农机自动导航技术、激光控制平地技术与设备、农业机械维护做了分析。本书可为农业工作者提供参考。

在本书写作的过程中，参考了许多资料以及其他学者的相关研究成果，在此表示由衷的感谢。鉴于时间较为仓促、水平有限，书中难免出现一些谬误之处，因此恳请广大读者、专家学者能够予以谅解并及时进行指正，以便后续对本书做进一步的修改与完善。

作者
2023 年 × 月

目 录

第一章 农业机械

农业机械是指农业生产中使用的各种机器和简单农具，总称农业机械。

农业机械化的范围很广，农业机械的种类也繁多，主要有土壤耕作机械、种植机械、畜牧机械、农用排灌机械、农产品加工机械、收获机械等。

第一节 耕地机械和旋耕机

一、耕地机械

（一）概述

1. 耕地的目的

耕地是农业生产最基本的作业环节。耕地的目的是对土壤进行松碎、翻转等加工，使土层疏松、透气蓄水，覆盖残茬、杂草和肥料，以改善土壤的物理化学性能，提高土地肥力，消灭杂草和病虫害，为下茬作物生长创造良好的条件。

2. 耕地机械的种类

耕地机械的种类和形式很多。

（1）按工作原理不同可分为铧式犁、圆盘犁、旋耕机等。

（2）按与拖拉机挂接方式，可分为牵引犁、悬挂犁和半悬挂犁三种。

（3）按用途不同，可分为旱地犁、水田犁、山地犁、深耕犁等。

（4）按机具强度和所适应的土壤等级，可分为轻型犁、中型犁和重型犁等。

3. 铧式犁的一般构造

铧式犁一般由工作部件和辅助部件两大部分组成。工作部件是在工作过程中直接加工土壤的部件，主要包括主犁体、小前犁、犁刀和松土部件等；辅助部件主要包括犁架、犁轮牵引或悬挂装置、起落式调节机构等。

（二）铧式犁的主要工作部件

1. 主犁体

主犁体是铧式犁的主要工作部件。主犁体由犁铧、犁壁、犁托、犁柱和犁侧板等组成。

（1）犁铧

犁铧又称犁铲，装在犁体工作面的最下部，其作用是切入土壤，切开和抬起土垡，并将其送往犁壁。犁铧的结构形式有梯形、凿形、三角形和齿形等多种。

（2）犁壁

犁壁是犁体的重要部分，是一个有一定形状的复杂曲面，工作中接受犁铧抬送来的垡片，加以破碎和翻转。犁壁的前部称为犁胸，后部称为犁翼。犁壁的结构形式有整体式、组合式和栅条式等。

（3）犁柱和犁托

犁柱是犁体与犁架的连接体，其形式有高犁柱、直犁柱和弯犁柱三种。高犁柱的下部，制成与犁体曲面相适应的承托面，称犁托，用来固定犁锋和犁壁，侧面固定犁侧板。

（4）犁侧板

犁侧板安装在犁托的左侧面上，工作时紧贴沟墙，以平衡犁体的侧向力，保证犁的直线行驶。

2. 犁体装配的技术要求

（1）犁壁与犁铧的接缝应小于1㎜，不允许犁壁高出犁铧，以免粘土和增加阻力。

（2）犁壁与犁铧构成的垂直切刃应位于同一平面上，切刃最高点只允许偏向耕沟方面，不允许偏向沟墙方面，但偏出量不能超过10㎜。

（3）犁体的垂直间隙和水平间隙应符合要求。

（4）犁铧和犁托间、犁壁和犁托间，一般应紧贴，局部缝隙在中间部分不超过3㎜，上部不超过8㎜，螺栓连接必须靠紧。

（5）所有埋头螺钉应与工作面平齐，不得突出，下凹也不得大于1㎜。

（6）犁侧板与犁托间的局部间隙应小于1.5㎜。

（三）铧式犁的辅助部件

1. 犁架

犁架是犁的基本骨架，用来安装工作部件和其他辅助部件，并通过牵引装置或悬挂装置与拖拉机挂接，工作承受较大载荷，应具有足够的强度和刚度。犁架分钩形犁架和平面犁架两种。

2. 悬挂装置和牵引装置

（1）悬挂装置

悬挂犁通过悬挂装置与拖拉机挂接，犁的悬挂装置一般由悬挂架和悬挂轴两部分组成。悬挂架由左、右前支板和斜拉杆形成稳定的三角形结构，固定在犁架上。

（2）牵引装置

犁通过牵引装置与拖拉机挂接。犁的牵引装置，主要由纵拉杆（拉杆）、斜拉杆和横拉杆组成，横拉杆通过左、右两个耳环与犁架相连，耳环在犁架上的位置上、下可调。纵拉杆和斜拉杆在横拉杆的安装位置左、右可调。纵拉杆前端通过播销摩擦式安全器与拖拉机牵引环相连接。

3. 犁轮

悬挂犁犁轮的作用主要是控制耕深，故称为限深轮。而牵引犁的犁轮则起支承犁重，保证工作和运输，限制耕深和完成犁的升降等作用。

（四）保养和维护

1. 工作后及时清除犁体、犁刀和犁轮上的黏土和杂草。

2. 紧固各部分螺栓，换修变形和损坏的零件。

3. 每 1 ~ 2 个班次向各润滑点注油。

4. 及时检查起落机构的技术状态和液压油缸、油管的漏油情况，必要时修复。

5. 铧刃磨损情况应经常检查。磨损不严重时，刃部不超过 2 ~ 3 mm，可用砂轮磨锐；磨损严重时，应锻打修复或更换。

二、旋耕机

（一）旋耕机的工作和特点

旋耕机也叫旋耕犁，它是以旋转的刀齿代替犁体对土壤进行加工。刀齿以一定的速度回转，切削土壤，并将切下的土块向后抛掷，土块与挡板碰撞而破碎。旋耕机的碎土能力很强，耕后土壤松碎、地表平坦，并能将土肥搅拌均匀，提高肥效。其缺点是动力消耗大、耕深浅、覆盖质量差。

（二）旋耕机的一般构造

旋耕机主要由机架部分、传动部分和工作部分组成。

1. 机架部分

由前梁、边传动箱和侧板组成方框形结构，前梁中部装有悬挂架。

2. 传动部分

由万向传动轴、中央齿轮变速箱和侧边链传动箱组成。

3. 工作部分

由刀轴、刀座和刀齿组成。

刀轴为一钢管，两端焊接轴头，轴管上按螺旋线焊有刀座，刀齿用螺栓固定在刀座上。

（三）旋耕机刀齿的类型、排列与安装

1. 刀齿的类型

旋耕机刀齿可分为松土型和切割型两大类。

（1）松土型刀齿

松土型刀齿主要靠冲击碎土，叫凿形刀。这类刀齿以凿刃入土，入土能力强、阻力较小，但容易缠草，适用于土质较硬、杂草较少的地块耕作。

（2）切割型刀齿

切割型刀齿主要靠刀齿的弧形、刃口切割碎土。有滑切作用，切割能力强，不易缠草。有较好的松土能力和一定的抛翻能力，适用于水田和潮湿土壤的耕作。

2. 刀齿的安装与排列

为保证耕作质量和工作时载荷均匀，刀齿在刀轴上的排列应符合下列要求。

①在刀轴回转一周时，每转一个相同的角度（360° /刀片总数），就有一把刀齿入土，以减少切土扭矩的波动。

②刀轴上相邻两刀座间的夹角要尽可能大些（一般在60° 以上），以防夹土和缠草。

③左弯刀和右弯刀要相继交错入土，以减少刀轴的轴向推力。

④相继入土的刀齿应尽可能在刀轴上左右布置，以减少对刀轴中央的不平衡力矩，并保证工作的直线性。因此，刀齿在旋耕机刀轴上成螺旋线排列。

（四）旋耕机的挂接和传动形式

旋耕机大都为悬挂式，与拖拉机连接有三点悬挂和直接连接两种形式。

1. 三点悬挂

三点悬挂式旋耕机的挂接和升降与铧式犁相同，动力由拖拉机动力输出轴通过万向节传递。

2. 直接连接

直接连接式旋耕机用螺栓直接固定在拖拉机后桥上，动力由动力输出轴在壳体内传递，升降时中间齿轮箱和主梁不动，仅工作部件绕主梁转动。结构紧凑，省去了万向轴，但挂接麻烦。

第二节 播种机和农用水泵

一、播种机

（一）播种机的农业技术要求及分类

1. 播种方式

恰当的播种方式是合理地分布种子，为作物生长创造良好条件的重要因素。应根据作物品种和各地的农业技术要求，采用适当的播种方式。

基本的播种方式有撒播、条播和点播三种。

（1）撒播

撒播是一种较粗放的播种方式，种子漫撒于田间地表，然后用齿耙盖土。

（2）条播

条播是将种子均匀成条地播在土中，它是我国各地普遍采用的一种播种方式，适应于小麦作物。

（3）点播（穴播）

点播是按一定的行距和株距进行播种，播后单粒或多粒种子集于一穴，穴距即为株距。多用于玉米、棉花等作物。

2. 机械播种的农业技术要求

（1）播种要合乎农艺要求，排种要均匀，并可以调整。

（2）播深应符合农艺要求，并均匀一致，种子应播在湿土上，覆土要均匀。

（3）垄要直，行距要保持一致，不漏播和重播。

3. 播种机的分类

（1）按播种方式可分为撒播机、条播机、点播机。

（2）按综合利用程度可分为专用播种机、通用播种机和通用机架播种机等。

（3）按排种原理可分为机械式、气力式和离心式。

（4）按动力及连接方式可分为畜力播种机和机引播种机。机引播种机因挂接形式不同，又分为牵引式、半悬挂式和悬挂式。

4. 播种机的一般构造和工作过程

（1）播种机的构造

播种机一般由种子箱、排种器、机架、牵引装置、传动装置、开沟器、镇压覆土装置等组成。

（2）工作过程

当拖拉机带动播种机前进，进行工作时，开沟器开出种沟，种子箱内的种子被排种器排出，通过输种管落到种沟内，由覆土器进行覆土。搬动起落手柄，起落机构起作用，使开沟器升起到运输位置或下降到工作位置。当开沟器升到运输位置时，传动离合器分离，排种停止。

（二）播种机的主要工作部件

1. 排种装置

（1）外槽轮式排种装置的组成

排种装置由排种轴、排种舌轴、排种槽轮、排种舌、阻塞轮等组成。

（2）排种工作原理

当排种轴带动槽轮转动时，种子渐次充满槽内。槽内种子在槽轮强制推动下，经排种口排出。

2. 开沟装置

播种机的开沟装置一般称为开沟器，其功用是开置种沟和导种入土，并有一定的覆土作用。

常用的开沟器形式有圆盘式、锄铲式、芯铧式和滑刀式等四种。

（1）单圆盘式开沟器

这种开沟器主要用一个凹面圆盘，滚动切土开沟工作。圆盘与机器前进方向成3°～8°的偏角，凹面向前。导种管在圆盘的凸面边，引导种子落入沟底。

（2）双圆盘式开沟器

双圆盘式开沟器用两个平面圆盘，以一定的角度互相倾斜，前下方相交。当圆盘滚动前进时，将土壤切开并向两侧推开形成种沟，种子沿圆盘的导种管经导种板落入种沟。

（3）锄铲式开沟器

锄铲式开沟器由两块以锐角相交的侧板焊接而成，前刃呈弧形，入土角为锐角。开沟作业时，先以锐角入土，将土壤推壅，铲前形成土丘，而后将土丘向两侧挤压分开成沟，种子沿中空的开沟器体落下，落入种沟。其结构简单，易制造，被大多数播种机所采用。

（4）滑刀式开沟器

滑刀式开沟器入土部分为一较长的滑刀，入土角为钝角，向下压切土壤，后部的两块侧板将切开的土壤向两侧推移而形成种沟。种子从两侧板之间落入沟底。

3. 覆土镇压装置

（1）覆土器

常用的覆土器有覆土链、覆土板和覆土镇压器。

覆土链是由几个链环组成，拖挂在开沟器后。工作时，先将湿土覆在种子上，可基本上做到干湿土不混。

覆土板是利用土壤沿覆土板侧向滑移来覆土，工作时两块覆土板从种沟两侧覆土。

（2）镇压轮

镇压轮的作用是在开沟覆土之后压实种沟，使种子与土壤有一定紧密程度，以利种子发芽。

4. 播种机传动装置

传动装置分为地轮整体驱动、地轮半轴整体驱动、地轮半轴分组驱动、单体驱动等几种类型。地轮整体驱动由地轮、链条、链轮等组成，地轮动力由地轮经齿轮链条、链轮带动全体排种器工作。

5. 传动离合器装置

传动离合装置的作用是：当开沟器升起时地轮动力被切断，停止排种；而当开沟器落下时动力接合，继续进行播种作业。

（1）构造

由地轮轴、离合器弹簧、主动套、从动套、链轮、起落方轴、离合器叉、离合器曲柄等组成。

（2）工作原理

当播种机工作时，地轮通过地轮轴、主动套和从动套带动链轮转动，驱动排种器排种，如果播种机倒退，齿形单向离合器的主动套和从动套的传动被切离不能排种；反之则传动结合，开始排种工作。

6. 起落机构

起落机构有手柄式、机动内闸轮式和液压式三种。一般牵引播种机上多应用内闸轮式起落机构，悬挂式播种机采用液压式起落机构。手柄式起落机构多用于畜力播种机上。

（三）播种机的使用及注意事项

1. 播种机的使用

（1）传动齿轮应以全齿啮合，齿顶与齿根的间隙应为 2 ~ 3mm。

（2）链轮应在同一平面内，链条紧度适当。

（3）开沟器体间距离应相等，偏差不应大于 5mm。

（4）输种管应完好无损，如有缺损应更换。

（5）播种机各部紧固得当，润滑周到，传动件转动灵活可靠。

2. 播种机作业时注意事项

（1）拖拉机与播种机应按要求的位置进行挂接。

（2）播种时，应经常检查排种器、传动机构以及开沟覆土镇压的工作情况。

（3）在播种过程中应尽量避免停车，防止漏播缺苗。

二、农用水泵

（一）离心泵

1. 离心泵的一般构造

离心泵由泵体、减漏环、叶轮、挡水圈、泵轴、托架、联轴器、吸入室、引水管等组成。

2. 离心泵的工作原理

离心泵抽水前，先应将吸水管和泵壳体内充满水，当动力机开动后，水泵叶轮高速回转，泵壳内的水受到叶轮轮叶的推压作用，而得到回转流动的动能，于是，从轮心部位向四周旋转流动，经螺旋形泵壳，顺水管流出。由于轮心部位的水不断流向四周，因而使轮心处形成低压，叶轮转速越高，压力越低。这样，叶轮不断旋转，轮心的水不断被甩出，水源的水也就源源不断地被吸入。

3. 主要工作部件简介

（1）叶轮

叶轮由叶片和轮毂组成，叶片固定在轮毂上，其形状、大小和数目决定着水泵的不同工作性能。离心泵叶轮分单吸离心泵叶轮和双吸离心泵叶轮。

单吸离心泵的叶轮分为封闭式、半封闭式和敞开式三种。由于单面进水，造成吸水口压力低而后盖板处压力高，因而叶轮受到轴向推力作用，易使叶轮和泵轴做轴向窜动，引起叶轮及泵体磨损和轴承发热等。双吸叶轮叶片两边的盖板中央都有吸水孔，从叶轮两边吸入，基本上不会产生轴向力、运转较平稳，被大多数泵所采用。

（2）泵体

离心泵和混流泵泵体多为蜗壳式，叶轮与壳体内壁形成了面积由小到大的流道。泵体顶部有供启动时灌水放气的螺孔。底部有放水孔，它把来自水源的水导向叶轮并加以汇集，而后从出水口导出。

（3）减漏环

减漏环安装在叶轮进水口外边的泵盖上，防止泵体内的高压水漏回到叶轮进口去，起密封作用。同时承受磨损，保护泵体或泵盖。

（4）密封装置

在泵轴穿出泵体处设有密封装置，防止泵内水外流和空气进入泵内，影响抽水。

（5）轴和轴承

农用泵的轴承，一般有球轴承、滑动轴承和橡胶轴承三种。离心泵和混流泵多用球轴承，用黄油润滑。

4. 水泵的管路及附件

（1）底阀和滤网

底阀是单向阀，启动时关闭，以使水充满泵腔，抽水时，阀门被冲开。

滤网装在水泵进水管的进水底阀下。可用于粗滤于水中的杂草（杂草、树枝和水生物），以防止泵内和水管被堵塞和损坏水泵零件。

（2）闸阀（拍门）

闸阀可以调节水泵流量。离心泵启动时关闭闸阀，能降低启动功率。停泵前关闭闸阀可使停泵平稳。

（3）逆止阀（拍门）

逆止阀装在水泵与闸阀之间，当水泵突然停车时，可自行关闭，防止回水冲击叶轮。

（4）渐变管和弯管

渐变管用来连接两个口径不同的水管，可使水流平稳，减少水力损失。弯管供管路换向用，有固定弯管和活动弯管两种。

（5）水管

供作物用水的输水管道，除小型泵用胶管外，大型泵多用钢管和铸铁管。

（二）潜水电泵

潜水电泵是电机和水泵的组合体，工作时都淹没在水中。其结构简单、重量轻、安装使用方便，所以使用比较广泛。

1. 潜水电泵的类型

按电机采取的防水措施不同，分为干式、半干式、充油式、湿式四种类型。

（1）干式

干式电泵电机内部不允许进水，因而密封装置要求严。

（2）半干式

半干式（屏蔽式）电泵是在定子与转子之间装一个很薄的屏蔽套筒，将定子与水隔绝。

（3）充油式

充油式在电机内部预先充满变压器油，以阻止水和潮气进入电机，其绝缘性、零件防锈、润滑和冷却性能都比较好。

（4）湿式

湿式泵定子采用耐水绝缘导线，定子、转子都在水中工作，因而散热性好，同时简化了密封装置。

2. 潜水电泵的构造

它主要由进水节、泵体、电机和密封装置构成。

（1）进水节：是水泵进水的部位，周围是滤网，处于泵体和电机之间。

（2）泵体：泵体是安装电机和叶轮等部件的骨架。

（3）电机：转子轴用不锈钢制造，转子用铸铝，定子绕组采用聚乙烯绝缘尼龙护套的耐水电磁线，限压不大于 500 伏，潜水深度不大于 60m。

（4）密封装置：电机内部密封用水的压力，由调节膜调节。工作时水温上升，体积膨胀，压膜外张，密封水不至于因压力增大而外漏。

3. 潜水电泵的工作原理

潜水电泵是电机和水泵组合在一起的，工作时。水泵在水里工作，通电后，电机转动带动水泵叶轮转动将水从进水口吸入；增压后，从出水口排出。

第三节 饲草料加工机械和设施农业机械

一、饲草料加工机械

（一）锤片式粉碎机

1. 锤片式粉碎机的构造

锤片式粉碎机主要由喂料斗、上壳体、下壳体、转子锤片、环筛、出料斗和机座等组成。

（1）上、下壳体

上、下壳体用销钉铰连在一起，壳体外形为蜗壳形式，用螺钉固定在机架上。

（2）喂料斗

用铁皮制成，由两部分组成。茎秆饲料由侧面进料斗喂入，颗粒饲料由上喂料斗喂入。

（3）转子

它固定在主轴上，其上装有两把自磨刃切刀，以切碎物料。

（4）锤片

锤片是粉碎机的主要工作部件，共分四组，每组四片，用轴套间隔按固定位置装在锤架板的销轴上面。锤片是对称式配置，受力均匀，转子工作稳定。

（5）环筛

壳体内装有上下筛组成的环筛，与壳体组成粉碎室。筛子包角 360°，筛孔有各种规格供选用。

2. 锤片式粉碎机的工作原理

工作时，旋转的切刀将喂入的物料切碎成小块，比较细碎的物料进入粉碎室，通过高速旋转的锤片打击、摩擦，在粉碎室内受到反复冲击，进一步被粉碎。在离心力和气流的作用下，粉碎物经筛选网由出料斗排出。

（二）铡草机

1. 铡草机的构造

铡草机主要由送料机构、铡切抛送机构、传动机构、防护装置等组成。

（1）送料机构

主要由喂料槽、上下送草辊、定刀片、定刀支承座等组成。喂料槽固定在左右草板上。输送链套在五角链轮及槽轮上，当喂入辊转动时输送链在输送槽内做直线运动输送牧草。弹簧控制上喂入辊压紧饲料，防止在切草时滑动，并起缓冲作用。

（2）铡切抛送装置

主要由动刀、刀盘、锁紧螺钉等组成，刀盘与主轴连接，其上安装有活动刀片。固定刀片装在机架上，动、定刀片的间隙大小可通过调节螺钉进行调节，铡草时，间隙不大于0.5㎜，青饲草不超过1㎜。

（3）传动机构

主要由三角带、传动轴、齿轮方向节等组成。通过皮带传动到齿轮箱，再通过齿轮箱传动轴传动，齿轮箱输出轴通过齿轮，带动两喂入辊作等速反向转动。喂入辊轴通过两个链轮，带动喂入链运动。

（4）防护装置

由皮带防护罩和齿轮防护罩组成。

2. 铡草机的工作原理

铡草机工作时，操纵者把牧草放在输送槽上，由输送链送到喂草辊，由上下喂草辊夹送进入切草口，经高速旋转的动刀片与定刀片剪切作用下切成碎段。碎草在回转刀盘和叶片所产生的风力和离心力的作用下，沿着抛送筒和弯道被排出机外。输送链和喂入辊在换向手柄控制下，可做进、退、停三个动作。

3. 铡草机安全注意事项

（1）铡草机使用前应熟悉机器的安全注意事项，检查各紧固体螺栓是否牢靠。电机转动方向是否与铡草机方向一致。

（2）传动部位必须安装防护装置，机壳上盖螺母应锁紧，严禁机器运转时打开上盖。

（3）不准随意更改铡草机的配套动力、增大电动机皮带轮直径、提高主轴转速。

（4）工作时如发生异常现象或卡滞，应立即切断电源停机检查。机器未停稳前，不准接触机器，或将手伸入机器内检查、调整、排除故障。

（5）未满16周岁或60岁以上及未掌握铡草机使用方法的人不准单独作业。

（6）铡草机工作时操作人员应扎紧衣袖，不准戴手套。女性人员应将长发塞入帽内，站在送料斗两侧，以保证安全。

（7）严禁饮酒后带病或过度疲劳时开机作业，以防发生事故。

二、设施农业机械

（一）电动卷帘机

电动卷帘机是温室大棚专用机械，主要用于卷放温室草帘，此处主要以 ZC-80-4 型适用棚长 80m 以下、草帘重量 4 吨以下大棚卷帘机为例，介绍温室大棚卷帘机的构造、工作原理及安装调试注意事项。

1. 结构形式

卷帘机的组成，主要由串机电机、输出轴齿、与齿轮、啮合齿轮、连接轴齿（轴齿与齿轮啮合）、齿轮连接轴等部件组成。

2. 工作原理

该机采用二联支杆与滚动起重的原理，属棚前安装式。主机采用两级蜗轮蜗杆传动，输出轴接联轴器，联轴器通过法兰与圆管制成卷轴，完成卷放草帘的目的。

电动机经输出带轮，通过三角带轮将旋转力传递给小蜗杆的输出端，通过内部蜗轮系统完成整机的力传递，最终输出工作扭矩。

3. 卷帘机的安装

（1）第一步先确定卷帘机安装点，安装点应选定在温室大棚前的中间部位。

（2）将臂杆分别用 M14 以上高强度螺栓锁定于主机两端输出联轴器上。卷帘前，必须将压草帘的物品移开。

（3）再将卷轴接一、二、三、四号型（按棚长分别编组）从主机联轴器向两端依次排布，并用 M12 螺栓将管轴、管套、套接式连接起来，且紧固可靠，严禁松动。此时一般分两组操作为宜，一向左端进行，一向右端进行，以提高功效。

注意：坚固件松动将影响卷轴的使用寿命，甚至危及使用者安全。

（4）将按要求摆布的草帘，垂直地平铺在大棚上，且低帘下边所铺绳带要外露 40 厘米以上。

（5）将联好的机器连同卷轴需要多人抬起放到草帘表面上，要求卷轴一定要顺直，左右上下不得有弯曲现象，否则要重新调整，达到要求为止。

（6）绳带与卷轴固定桩捆绑一定要仔细进行，最好由一人全部完成或两人一人一边来完成，这样可以有效保证绳带的松紧一致性，进而有利于草帘不跑偏。

（7）分头逐个将草帘的下端捆起并绕卷轴一周，用细铁丝将草帘与卷轴捆扎成一体。

（8）由一名电工将电器部分准备好，先接入倒顺开关，然后送电观察电机正、反转，直至电机端支架口开始上翘至约 90° 时，断电关机。为了使用安全可靠，电器开关装置要求装在棚顶的中部或一端。注：严禁无油运转操作。

（9）地锚安装地的认定：依据棚的高度、跨度预定固定位置，一般选在棚中端的前方 1.8 ～ 2.2m 处。（安装后不合适仍可重新调整）

（10）地锚的固定：先用铁锹在地上挖一小坑，再将地锚尖端向下，夯入地下培土固定。

（11）将主杆按 T 型铰链冲向地桩南北摆放，按要求用随机配件大销栓配合平垫将主杆与地锚铰链连接可靠，最后用开口销锁定。

（12）再一次将主杆与副杆用上述相同的方式，用随机小销组件将其锁定。随后用二至三条绳索固定于铰链处的副杆上，由二人以上手执绳索的另一端从西北、东西、东北三方向将支杆慢慢拉起，另二人抱定杆下端并将杆插入电机架管筒，并分别将管外侧的两只 M12 高强度螺丝拧紧备牢（务必紧固，确保使用安全）。

注意：螺栓一定可靠锁紧，严禁松动，以防杆、机脱离，发生危险。

进行调试：安装结束后，要进行一次全面检查，主机部分、支杆部分、卷轴部分、电器部分一一进行检查无误、安全可靠后方可进行运行调试工作。

第一次送电运行，约上卷一米左右，看草帘调制状况，若不直可视具体情况分析不直原因后采取调直措施，这时无论直与不直都要将机器退到初始位，目的是试运行：一是促其草帘滚实；二是对机器进行轻度磨合。

第二次送电运行，约上卷到三分之二处，再进行上次工作，目的同上：一是促其草帘进一步滚实；二是对机器进行中荷磨合，再将机器退回到初始位置。

第三次送电前应检查机器部分是否有明显温升，若温升不超环境温度 40℃，且未发现机器有异声、异味，机器可继续到位试验。

如果帘湿透过重，应先卷直一部分，待草帘适当晾晒后再全程卷起。

4. 电动卷帘机使用操作规程和注意事项

（1）卷帘前，必须将压草帘的物品移开，雪后应将帘上积雪清扫干净。若雨雪后草帘湿透过重，应先卷直一部分，待草帘适当晾晒后再全程卷起。

（2）卷放过程中，传动轴和主机上、传动轴下的温室面上和支承架下严禁有人，以防意外事故发生。

（3）覆盖材料卷起后，卷帘轴如有弯曲，应将卷帘机放下，并用废草帘加厚滞后部位，直至调直。如出现斜卷现象或卷放不均匀，应及时调整草帘和底绳的松紧度及铺设方向。

（4）使用过程中要随时监控卷帘机的运行情况，若有异常声音或现象要及时停机检查并排除，防止机器带病工作。

（5）切忌接通电源后离开，造成卷帘机卷到位后还继续工作，从而使卷帘机及整体卷轴因过度卷放而滚落棚后或反卷，造成毁坏损失。

（6）温室湿度较大，容易漏电、连电，电动卷帘机必须设置断电闸刀和换向开关。操作完毕须用断电闸刀将电源切断，以防止换向开关出现异常变动或故障而非正常运转造成损失。

5. 电动卷帘机的维修保养

（1）在使用过程中对卷帘机进行维修保养要注意安全，必须在放至下限位置时进行，应注意先切断电源。确须在温室面上维修时，应当用绳把卷帘轴固定好，严防误送电使卷帘轴滚落伤人。

（2）使用过程中，要定期检查各部位连接是否可靠。检查时应特别注意主机与上臂及卷帘轴的连接可靠性，各部位连接螺栓每半个月应检查紧固一次。

（3）使用过程中应经常检查和补充润滑油，主机润滑油每年更换一次。

（4）机器使用完毕，可卷至上限位置，用塑料薄膜封存。如拆下存放要擦拭干净，放在干燥处。卷帘轴与上、下臂在库外存放时，要将其垫离地面0.2m以上，并用防水物盖好，以免锈蚀，并应防止弯曲变形，必要时应重新涂防锈漆。

（5）卷帘机在每年使用前应检修并保养一次。检修主要内容包括主机技术状态，卷帘轴与上、下臂有无损伤和弯曲变形，上、下臂绞链轴的磨损程度，卷帘轴及上、下臂与主机的连接可靠性，如发现问题应进行校正、加固、维修。

6. 卷帘机安全使用十要点

（1）用户应根据大棚长度、宽度、拱度及草帘重量，按标准选用合适的主机，注意要留有载荷余量，禁止满载荷和超载运行。并对电机采取必要的安全防盗措施。

（2）根据卷帘重量，按标准配用支杆、推杆、卷杆、螺栓，避免杆件配备不合理造成折杆、拧杆。主机在启动和运行中，严禁在主机和卷杆前站人，以防万一卷帘机失控造成人身安全事故。

（3）用户自行购买的电机、电缆及其他配电器材，应为达到国家标准的合格产品，以确保用电安全和主机安全运行。

（4）禁止将倒顺开关固定在主机和支杆上，要远离主机，在后墙或两山墙上，边观察边操作。并在倒顺开关前面另加控制刀闸，以确保在倒顺开关失灵时能及时切断电源。

（5）主机在首次使用时一定要加入足量合格的重载荷齿轮油，以后应定期检查并每年更换一次。

（6）直齿卷帘机遇停电时，严禁用户挑起刹车块让卷帘机自行下滑，否则会有生命危险。上拉式卷帘机要配备遥控器，以便在身体或衣服被“咬住”时马上停机。

（7）雨雪天气要盖好防雨膜，防止草帘淋湿超重导致主机及电机损坏。

（8）卷帘机卷放时禁止触及三角带，卷帘机上卷到位后要及时关机，防止草帘越位翻入棚后。

（9）用户在安装及使用过程中，立杆、卷杆出现偏差时，应及时调整、调直，紧固螺栓，以确保主机及杆件正常运行，延长使用寿命。

（10）用户在卷帘机发生故障时，要在代理点或公司服务人员的协助或指导下排除故障，避免盲目操作造成安全事故。

（二）玉米施肥铺膜点播机

主要以 2BDP-2A 型铺膜点播机为例对地膜玉米种植机械的结构原理、安装调整、维护保养及故障排除等进行介绍。

1. 结构与工作原理

（1）构造

2BDP-2A 型施肥铺膜点播机主要由平土装置、机架、地轮、施肥系统、打孔穴播系统组成。

（2）各部功用

①平土装置：是将待播地局部不平处铲高垫低，并将种床表面刮成中高边低模式，有利于雨水的充分利用，同时可将遗留残茬和土块刮到种床两侧。

②机架：是用来与其他部件连接并与小四轮拖拉机三点悬挂挂接的部件，在整机中起骨架作用。施肥开沟器固定于其底部，施肥的同时开沟圆盘开出压膜沟，地膜架于机架上部。

③地轮：是支撑机架与地表仿型并传输动力的部件。

④施肥系统：是靠外槽轮排肥器排肥，用来播种颗粒肥或农家肥。播量的调整是用调节手柄调整外槽轮排肥器工作长度的大小达到用户所需播种肥量，之后用锁紧螺钉锁定在确定播量上。

⑤铺膜系统：将地膜平直展开，压膜轮将膜边压入膜沟内，覆土盘将开沟圆盘翻出的土覆于膜上完成铺膜。

⑥打孔穴播系统：是由两个装种滚筒组成，滚筒内盛有种子，在牵引力的作用下，滚筒在已铺好的地膜上匀速滚动，取种器将滚筒内籽种定量取出后倒入打孔器（鸭嘴），打孔器在重力作用下，扎入地膜，在支地板的作用下打开鸭嘴打孔器，将种子播入土壤里完成穴播。挡土板是将多余覆土挡住，以便增大地膜采光面积。

⑦开沟犁体：是满足不同铺膜机的要求，自行设计的一种开沟铺膜机型。须开沟铺膜

时，把开沟犁体安装在铺膜机平土装置上，并和机架连接。使用时如土壤土质松软可一次性开沟铺膜种植，如土壤土质比阻较大时，为使铺膜效果更好，须先开沟，后在开好的沟上铺膜种植。

（3）工作原理

在小四轮牵引力的作用下，前置刮土板将地表刮成中高边低的模式。开沟圆盘将膜沟挖开并施入颗粒肥，地膜铺盖在上面，压膜轮将膜边压入膜沟。同时打孔器鸭嘴扎入地膜，播下种子，后置覆土盘将膜边覆土并将播种穴孔覆盖，完成作业。

2. 安装、调整与使用

（1）安装、调整

①机架的安装：将机架支起，把地轮、链轮、左右框架装在机架上。开沟圆盘安装时，要根据所需行距调整。将左右覆土圆片、刮土板、镇压轮分别安装到左右框架上。

②肥箱安装：由机架上原配螺栓将肥箱固定在机架上，用套筒滚子链将主被动链轮连接，转动地轮，以轻便、灵活、平稳、不掉链为准。将播量调节机构调到最小位置，即各排种轮工作长度为零，若有不一致者将卡箍松开调到零位后紧固卡箍。

③播量大小的调整是将机架支起，地轮离地，播量调整到一定位置锁定。将肥加入箱内，转动数圈使其充满排种盒。然后每个输种管下面放一个器皿，用手以 30 转 / 分的速度转动 40 转，将器皿中播下的肥集中倒在一起过秤，若与下列计算公式所得数一致，则符合所需要的亩播量、行距。

$$G=0.123QT\text{（各行排量总和）}$$

式中：G——40 圈总排量（斤）。

Q——要求亩播量（斤 / 亩）。

T——要求行距（m）。

注意：此公式地轮滑移率 9%，已计算在内。

若实测重量和计算重量不符，则须重新调整播量机构，直到与计算重量相符为止。工作时田间试播一定长度，将播下肥料收集过秤，也可核对亩播量的准确性。

④穴播滚筒的安装与调整：

a. 滚筒采用可调式。根据播种作物株距要求，可以松开鸭嘴座上的紧固螺栓，取掉或安装相应数量的鸭嘴，安上相应的堵片，拧紧螺栓后，即可符合相应的播种要求。

b. 用滚筒拉杆将滚筒架组合在机架上，滚筒两边支承座加注润滑脂，用滚轮轴两轴头螺栓紧固在滚轮架内，调整滚轮架使滚筒上压膜轮对正开沟圆盘，然后移动顶丝套靠紧滚轮架拧紧顶丝。松开鸭嘴固定螺栓，根据所播种子要求选择相应取种器（注：取种器内标有“中片籽瓜”“油葵”“甜菜”字样），加入种子，支直滚筒，将鸭嘴转至下面，用手压开鸭嘴，清理籽种。旋转一周后，再用手压开鸭嘴，检查校对取种器是否正确，以此方法检查每一个取种器，直到符合要求。

⑤覆土盘、挡土板的安装：将左右覆土盘、刮土板分别安装在左右框架上，覆土圆片的调整要和刮土板的调整协调进行，互相配合。覆土盘与前进方向成一定角度，根据覆土量的大小调整角度的大小。挡土板是将覆土盘翻回的土挡到刚好将穴孔覆盖为佳，使采光面积更大。

⑥镇压器分别安装在左右框架上，其目的是使刚播下的种子与土壤压实，有利于种子的发芽。镇压力的大小可以用改变插孔位置使弹簧力变化来调整。

⑦薄膜安装及调整：薄膜安装的要点是薄膜必须对中，不得偏移一边。

（2）使用

①检查安全防护装置是否安装牢靠，未安装安全防护装置不能工作。

②给轴承及各个润滑点加足润滑油、脂。

③检查并拧紧各个紧固件、连接件。

④将拖拉机上调节拉杆调到最佳长度，使铺膜机平整。

⑤滚筒内加种最多不超过滚轮直径 1/2，最少不少于 0.5kg 种子，种内不得有杂物。

⑥该机要求地面土壤平坦且松碎，松土层厚度必须大于 6cm，开沟圆盘开沟深度不得小于 5cm。

⑦压膜沟必须与压膜轮对正，否则影响铺膜质量。

⑧保证机组直线行驶，以免地面孔与膜孔错位。

⑨每幅铺膜端头要用土压实，并用手将膜辊圈紧后再作业。

3. 故障分析与排除

玉米施肥铺膜点播机的故障现象、原因分析、排除办法见表 1-1。

表 1-1　玉米施肥铺膜点播机故障分析与排除方法

故障现象	原因分析	排除办法
斜向皱纹	机组跑偏，左右压膜轮压力不等	保持行驶直线性，调整两压膜轮压力，使其一致
纵向皱纹	地膜纵向拉紧力小于横向拉紧力	增大两压膜轮压紧力，减少地膜卷卡紧力，放慢机组前进速度
横向皱纹	地膜纵向拉紧力小于横向拉紧力	减少两压膜轮压紧力，增大地膜卷卡紧力，加快机组前进速度

续表

故障现象	原因分析	排除办法
地膜偏斜	机组行驶不直；地膜卷安装不对称；左右压膜轮压力大小不等；地膜卷本身缠绕不好；机架倾斜	保持机组直线行驶；重新安装使其对称；调整压力使其一致；更换不合格地膜；调整拉杆使机器水平
横向断裂	前进速度突然增大；地膜纵向拉力太大；地膜卷轴卡死；地膜本身质量差	保持匀速；切勿突然加速；减少地膜卷卡紧力；使其转动灵活；更换地膜
排肥不畅	地轮打滑，肥料架空，槽轮堵塞	刮土板上移，保持肥料细碎不结块
压膜轮压边效果出现脱压现象	地膜卷安装不正确；机组突然走弯；杂物垫起压膜轮；松土层太浅	重新对称安装压膜轮；保持机组直线行驶；提高铺膜前整地质量，进行精细整地
地膜边无覆土或覆土不足	覆土圆盘与前进方向夹角小；机组前进速度太慢；土质硬且大土块多	调整覆土角和入土深度；提高机组前进速度；增加耙地次数
空穴率高	排种滚筒内种子过少；异杂物堵塞取种器；鸭嘴开度过小或夹土堵塞；机组作业速度高	加足种子；清除种子通道中的杂物；校正鸭嘴张开度；清除泥土，按规定作业速度行驶

4. 保养与维护

（1）每班工作前，检查各工作部件有无变形或损坏，若发现问题及时校正或更换。

（2）每班作业前，检查各紧固件的连接情况，如有松动，立即予以紧固。

（3）每工作 8h，往轴承、链条等传动部位加注润滑油脂一次。

（4）每工作 100h，清洗轴承，换加润滑油脂。更换轴承时应调整轴承座的位置和高度，确保各部位配合间隙正确，转动灵活。

（5）每工作 3 ~ 5 个班次，打开机器检查，清除杂物。

（6）机具长时间不用时，彻底清除机具外的杂物，并进行涂油防锈处理。

（7）每年工作结束后，检查机具的磨损、变形、损坏、缺件情况及轴承、轴套的间隙，及时调整、换件，或及早采购配件，使来年的工作有保证。

（8）机具应停放在库房内，防日晒、防雨淋，最好罩上篷盖。

5. 安全注意事项

为了避免人员的意外伤害，在安装、调整、使用和维修保养时一定要注意以下事项：

①首次使用前，应详细阅读使用说明书，明确使用说明书中安全操作规程和危险部位安全标志所提示的内容。

②使用机器前，应检查机器上的安全标志、操作指示和产品标牌有无缺损，缺损时应及时补全。

③每个作业季节前，应检查播种滚筒、鸭嘴打孔器等工作部件有无裂纹和变形。更换

部件时，应按使用说明书的要求或在有经验的维修人员的指导下进行。

④妨碍操作和影响机器安全的部位不应改装。

⑤机器作业前应进行试播。机具在播种前必须按要求进行播种前的安装调试工作，使其达到良好的技术状态。播种速度应符合使用说明书中的规定，严禁超速播种作业。

⑥作业时严禁后退，以免损坏机具和堵塞鸭嘴打孔器。不得多余转动滚轮，否则会加大播种粒数。

⑦对机具进行调整、保养、清理、加种、加肥、装卸地膜时，必须停车后进行。严禁在机器提升后，在机器下面检查、调整和维修。更不允许在机具上坐立，以免发生意外事故。

⑧作业时，应经常注意排种肥系统是否正常。过地堰道沟时一定要提升液压，防止损坏零件。

⑨长途悬挂运输应将滚轮、覆土盘、刮土板、镇压轮卸下。短距离运输时应将弹簧导杆开口销卸掉，把镇压轮、滚筒向前翻起，并将拖拉机中拉杆调短，以便增大运输间隙。

第四节 保护性耕作机械和多功能收割机

一、保护性耕作机械

（一）免耕播种机

免耕播种机是保护性耕作机械化技术实施过程中应用的一种重要机具，它可以在前茬作物收获之后未经任何耕作的田间进行复式作业，一次性完成灭茬、开沟、施肥、播种、覆土、镇压等多道工序，减少机械对土壤的碾压破坏，省工省时，节肥节油，增产增收，保护环境。为了正确使用小麦免耕播种机，充分发挥它的高效作用，下面以推广较快、应用较多的 ZBMFS 系列小麦免耕播种机为例，介绍一下小麦免耕播种机的构造、工作原理、安装、调整及作业注意事项。

1. 构造

由种子箱、排种机构、输种管、传动机构、机架、旋转灭茬装置、免耕开沟器、覆土镇压机构、牵引装置等部件组成。

2. 工作原理

拖拉机带动播种机前进，动力输出轴带动旋转灭茬装置工作，一次完成灭茬、开沟、施肥、播种、压种、覆土、镇压等作业，实现免耕播种。

3. 机具的安装

（1）旋转刀具的安装

旋转刀具每组由左右两把弯刀和中间四把直型刀构成。安装时，弯刀要向内弯曲，中心距 16cm，直型刀中心距 6 ~ 8cm。旋转刀轴总成的旋转方向与拖拉机轮胎的转动方向相同，旋转的刀具要保证刀刃先入土。作业时，直刀把长秸秆切断，左右弯刀把秸秆抛到垄间，小麦沟内基本无长秸秆，为小麦生长发育创造良好条件。

（2）种、肥开沟器的安装

安装时，要求施肥开沟器在前，播种开沟器在前后，用螺栓固定 U 型卡安装在横梁上。根据农艺要求调整其上下位置，保证播种和施肥深度。一般播种深度为 4 ± 1cm，施肥深度为种子下方 5cm。

（3）万向节的安装

万向节两头有两个不同的内花键，其中 8-38 × 32 × 6 内花键与拖拉机的动力输出轴外花键相接，8-42 × 42 × 8 内花键与机具的动力输入轴相接。安装后，两头花键节叉应在同一个平面内。

4. 使用注意事项

（1）作业前，首先，要选择与机具相匹配的拖拉机和万向节；其次，要认真检查机具各连接部位是否转动灵活，各种间隙是否正常，各润滑件是否注入润滑油；再次，要按使用说明书的要求进行播量调试，并进行试播，确认无误后，方可投入正式作业；最后，机具与动力配套后，要使机架左右、前后（此时万向节与机具水平面的夹角应在 ±10° 范围内）保持水平状态，如不符，可通过调整拖拉机悬挂机构的左右拉杆及中央斜拉杆长度来解决。

（2）在直立秸秆的地块作业时，先要对地块进行适当的平整，如浇水垄沟铲平，然后机具再下地作业。

（3）作业时，机具的前进速度不宜太快，一般应保持在 1km/h ~ 3km/h 范围内，其负荷大小一般以满足农艺要求为准。过深造成拖拉机负荷太重，过浅则达不到农艺要求，影响出苗。

（4）起步时，一要鸣笛；二要在机具刀具离地 15cm 时结合动力输出轴，使其空转 1min，挂上工作挡，缓慢松开离合器踏板；同时操作拖拉机液压升降调节手柄，随之加大油门，使机具逐步入土，直到正常播深为止。在行驶中要保持匀速直线前进，尽量避免中途变速或停机。如确须停机时，切勿将机具前后移动，以免造成重播或漏播。

（5）机具与具有力、位调节液压悬挂机构的拖拉机（如上海 -50 型）配套使用时，应采用位调节，并将其手柄置于提升位置，严禁使用力调节，以免损坏机具。位调节手柄向下移动，机具下降，反之上升。

（6）机具与具有分置式液压悬挂机构的拖拉机（如天津-60型）配套使用时，提升或下降机具后，应将分配器手柄迅速回到浮动位置，切忌将手柄放在压降或中立位置，以免损坏机具。

（7）地头转弯时，应先切断机具动力，将机具升起后再转弯；机具下落时，应先使刀具转动正常后，方可入土，并做到缓慢下降。在行进中进行，切忌急降机具，以免损坏刀具和使种、肥开沟器堵塞。

（8）作业中严禁倒退，人员不得靠近运转部件；机具后面严禁站人。

（9）作业中要随时注意观察作业质量，发现异常现象应立即停车检查。如要检查旋转部件或更换零部件时，应切断机具动力，必要时，可熄灭拖拉机。

（10）作业中，注意及时加种、肥，种、肥箱内的种子和化肥量不得少于种、肥箱容积的1/4。当土壤相对含水率≥70%时，应停止作业。

（11）机具转移地块时，应将机具升起至最高位置，并用锁紧装置将农具锁定在运输位置。

（12）机具每工作10h，应检查各紧固件、旋转刀具、齿轮箱油位，向各轴承注油嘴、万向节伸缩管、链条等部位加注润滑油、脂。每班作业后，要及时清理开沟器、旋转刀具等部件上的泥土、秸秆及杂草。每工作50～80h，应按说明书调整1次齿轮间隙。

5. 常见故障的排除

①整体排种器不排种。原因有种子箱缺种，传动机构不工作，驱动轮滑移不转动。应加满种子，检修、调整传动机构，排除驱动轮滑移因素。

②单体排种器不排种。原因有排种轮卡箍、键销松脱转动，输种管或下种口堵塞。应重新紧固好排种轮，清除输种或下种口堵塞物。

③播种量不均匀。原因有作业速度变化大，刮种舌严重磨损，外槽轮卡箍松动，工作幅度变化。应保持匀速作业，更换刮种舌，调整外槽轮工作长度，固定好卡箍。

④种子破碎率高。原因有作业速度过快，使传动速度高，排种装置损坏，排种轮尺寸、形状不适应，刮种舌离排种轮太近。应降低速度并匀速作业，更换排种装置，换用合适的排种轮（盘），调整好刮种舌与排种轮距离。

⑤播种深度不够。原因有开沟器弹簧压力不足，开沟器拉杆变形，使入土角变小。应调紧弹簧，增加开沟器压力，校正开沟器拉杆，增大入土角。

⑥开沟器堵塞。原因有精播机落地过猛，土壤太湿，开沟器入土后倒车。应停车清除堵塞物，注意适墒播种，作业中禁止倒车。

⑦覆土不严。原因有覆土板角度不对，开沟器弹簧压力不足，土壤太硬。应正确调整覆土板角度，调整弹簧增加开沟器压力，增加播种机配重。

（二）深松机

深松耕作是一种新的土壤耕作方法。机械深松是农业耕作方式的创新技术，应用比较广泛。深松是指超过正常犁耕深度的松土作业。在此以 IS-9 型深松机为例介绍深松机的基本构造、工作原理、使用注意事项、调整等。

1. 深松机的分类及基本构造

深松机是一种只松土而不翻土的耕作机具，适合于旱地的耕作。该机可与四轮拖拉机配套。深松机械主要有三类：全方位深松机、铲锄式深松机、凿式深松机。IS-9 型深松机基本构造由机架、悬挂架、深松铲、立柱、限深轮等部件组成。

2. 工作原理

由于多年连续采用同一深度的翻地作业或多年只用小四轮起垄或旋耕作业，这样耕作层和心土层之间人为地形成 6 ~ 10cm 厚的紧实层也称为犁底层。犁底层的形成显然成为耕作层和非耕作层之间的隔离层。使耕作层中过多的水分不能及时向心土层渗透；耕作层干旱时，心土层不能及时向耕作层提墒，削弱了耕作层抗旱、防涝能力。同时，也影响了耕作层和心土层之间的气体交换。拖拉机带动深松机工作，深松机以 30 ~ 50cm 的深度打破耕作层达到深松的目的。

3. 深松机使用调整

（1）使用时，将深松机的悬挂装置与拖拉机的上下拉杆相连接，并通过拖拉机的吊杆使深松机保持左右水平；通过调整拖拉机的上拉杆（中央拉杆）使深松机前后保持水平，保持松土深度一致。

（2）深松铲在机架上的安装高度要一致，保证松土平整深度一致。

（3）松土深度调节机构是调整深松机松土深度的主要调整机构，它是在田间作业时，根据松土深度的要求来调整。调整方法：拧动法兰螺丝，以改变限深轮距深松铲的相对高度。距离越大深度越深。调整时要注意两侧限深轮的高度一致，否则会造成松土深度不一致。

4. 深松机在使用中的注意事项

（1）深松机须有专人负责维护使用，熟悉深松机的性能，了解机器的结构及各个操作点的调整方法和使用。

（2）深松机工作前，必须检查各部位的连接螺栓，不得有松动现象。检查各部位润滑脂，不够应及时添加。检查易损件的磨损情况。

（3）深松作业中，要使深松间隔距离保持一致，作业应保持匀速直线行驶。

（4）作业时应保证不重松、不漏松、不拖堆。

（5）作业时应随时检查作业情况，发现机具有堵塞应及时清理。

（6）机器在作业过程中如出现异常响声，应及时停止作业，待查明原因解决后再继续进行作业。

（7）机器在工作时，发现有坚硬和阻力激增的情况时，请立即停止作业，排除不良状况，然后再进行操作。

（8）为了保证深松机的使用寿命，在机器入土与出土时应缓慢进行，不要对其强行操作。

（9）设备作业一段时间，应进行一次全面检查，发现故障及时修理。

5. 安全注意事项

（1）机具不能在悬空状态进行维修和调整，维修和调整时机具必须落地，拖拉机必须熄火；作业时机具上严禁站人。

（2）作业时未提升起机具前，不得转弯和倒退。

（3）作业中若发现机车负荷突然加剧，应立即降低作业速度或停车，查出原因，及时排除故障。

（4）运输或转移地块时必须将机具升起到安全运输状态。

6. 维护保养

（1）作业中应及时清理深松铲上粘附的泥土和缠草等。

（2）每天应检查一次深松机各部件螺丝紧固情况，对磨损部件或损坏部件应及时更换或修理。

（3）每季作业完毕深松机停放不用时，要及时将深松机清理干净，对深松铲铲尖、铲翼及各个紧固螺栓均应刷涂机油或黄油进行防锈保护，并放置在机库内保存；没有机库条件时，应选择地势较高的地方，将深松机铲尖用砖和木块垫离地面 10 ~ 20cm，并用篷布遮盖严密，严禁机具长期露天放置。

二、多功能收割机

多功能收割机是一种适合山区各种地形地貌的小型收割机具，可用于收割灌木、小麦、牧草、胡麻、玉米秸秆等。在此以广西桂林科丰机械有限责任公司生产的科丰牌 4G-25 型收割机为例，对斜挂式多功能收割机使用维护及常见故障进行介绍。

（一）结构及工作原理

4G-25 型斜挂式收割机由二冲程汽油机、传动系统、操作控制手把、圆盘割刀等部分组成。其工作原理为汽油机动力经硬轴传动系统传递到圆盘割刀，高速旋转的割刀切断收割对象，在集禾器的收拢下将已切割作物铺放一边。该机具有结构紧凑、重量轻、操作简单、维修方便、油耗低、效率高、价格低廉等优点。

1. 二冲程汽油机：为单缸风冷式，启动方式为手拉启动，使用燃油为92#、95#汽油与二冲程汽油机专用机油的混合燃料。

2. 硬轴传动系统：由硬轴、铝管、齿轮箱、螺钉组成，其主要功用是将汽油机动力传递给圆盘割刀。

3. 操作控制手把：由手把定位块、下压板、上压板、手把总成等部件组成，其主要功用是操作控制收割机。

4. 圆盘割刀：主要由刀片、防护盘、压板和分禾集禾器等组成，其主要功用是在齿轮箱的带动下高速旋转切割，并收集已割作物铺放一边。

（二）主要零部件的安装

1. 硬轴、铝管与齿轮箱的安装：首先将硬轴花键插入小齿轮的花键孔内，并将齿轮箱上的M6螺纹孔对准铝管上的定位孔，先拧紧M6×12内六角螺钉，再将M6×35内六角螺钉拧紧（都含弹、平垫圈）。

2. 硬轴、铝管与汽油机输出头的安装：首先将硬轴花键插入离合器盘花键孔内，并将输出头的M5螺纹孔对准铝管上的定位孔后将M5×16的盘头组合螺钉拧紧，然后再将M6×25内六角螺钉拧紧。

3. 手把与固定座的安装：将下压板和手把定位座固定在铝管适当位置后将两颗M5×30内六角螺钉（含弹、平垫圈）拧紧。用上压板将手把总成安装到手把定位块上后将四颗M5×25内六角螺钉（含弹、平垫圈）对角拧紧。

4. 分禾集禾器与刀片的安装：首先将集禾器套在齿轮箱上并对准安装孔位后将M5×20（三颗）十字六角螺钉（含弹、平垫圈）拧紧。后将M5的加高螺母拧紧，再将花键垫上的圆孔与齿轮箱上的圆孔对正插入六角扳手定位，装上刀片、割刀压板、防护盘，然后将左旋螺母拧紧。

安装时须注意：装配时刀片的圆孔一定要放正到花键垫的凸圆台上，否则机器将产生很大的振动。刀片要按照箭头指示的方向安装，装配好后转动刀盘，检验转动是否灵活。

5. 背带的安装：将背带卡扣卡入铝管吊扣孔中，根据个人身高调整长度。

6. 拔草器和保护罩的安装：首先将齿轮箱取下，后将拔草器吊扣（两只）套入铝管后装上齿轮箱固定，取下注油螺钉，将拔草器固定孔套入M6×12注油螺钉和M6×20吊扣螺钉拧紧，再装上刀片保护罩。

（三）启动使用

①每次启动前，详细检查收割机，保证收割机处于安全状态，特别是刀片压紧螺母必须牢固可靠。

②该收割机使用汽油与机油混合燃料，汽油与机油的容积混合比为 40 ∶ 1。

③打开油门开关，将手拉器绳拉出 5 ～ 10cm，让手拉器棘轮与飞轮棘轮完全卡牢后将启动绳迅速抽出。

注意：冷机启动时适当关闭阻风门，如冬天全关闭，夏天半关闭，汽油机启动后再慢慢打开阻风门至全开位置。

④启动后低速运转 3 ～ 5min 进行预热，然后缓慢加大油门，使发动机加速。此时要查看刀片是否旋转、整机振动是否过大，一切正常后再正式作业。

⑤停机时，可松开油门开关，使汽油机低速运转，然后按红色点式开关，发动机熄火停止运转。注意严禁汽油机高速运转中突然熄火。

（四）操作技巧

1. 根据操作者身高调整好手把位置和背带的长度，将启动后的收割机斜挂在左肩上，收割机置于身体右侧，割刀在前，汽油机在后。人自然站立，右脚略在前，左脚稍后，两手自然端平操作手把，使刀片与地面平行保持 3 ～ 4 cm。将油门开到全程的二分之一处，刀片运转平稳后，从右边直线往左边均匀摆动收割。

2. 第一刀快要割完的农作物向前面推着铺放，右手手把略抬高，使集禾器向左前方倾倒一下。第二刀快割完时手把向左边倾倒一下，使割断的农作物平放。第三刀割断的农作物往回拉，再向左边倾倒，压在前面的农作物上，这样收割的作物就可以整齐地摆放在一起。

初学者割幅不要太大，速度不能太慢，中间不能停顿，否则影响收割效果，作物摆放不整齐。

（五）操作安全规定

1. 操作者必须身体健康，精神状态良好，严禁酒后、过度疲劳时操作。严禁孕妇操作。

2. 收割机工作时，不允许任何人进入收割危险区域，危险区域半径为 15m。

3. 收割时，应从右到左切割，以防草屑及有可能溅起的小石块等杂物飞向操作者，减少不必要的伤害。

4. 不要在有电线和铁丝网的地方操作，以免发生意外事故。

5. 刀片出现裂纹或磨钝后严禁使用。

6. 收割作业中，如果刀片被草缠住应立即停机，等刀片停止转动后再清理杂草，以免发生意外。

7. 收割作业时，如果感觉刀片运转异常，应立即关闭手把油门，手把往下按，将刀片压在土里后再按熄火开关，等收割机停机后再检查。如刀片损坏应立即更换；如刀片松动应检查并拧紧左旋螺母至刀片不松动为止。

（六）维护保养

1. 汽油机日常保养

（1）清理汽油机表面上的油污和灰尘。

（2）拆除空气滤清器，用汽油清洗滤芯。

（3）检查接合处是否漏油，接合面是否漏气，压缩是否正常。

（4）检查汽油机外部紧固螺钉，如有松动或脱落，及时拧紧或补齐。

（5）保养后将汽油机水平位置放在干燥阴凉处用塑料布或纸盖好，防止灰尘、油污弄脏，防止磁电机受热受潮，导致汽油机启动困难。

2. 收割机保养

（1）每使用 50h 向齿轮箱内、硬轴外表面补加高温润滑脂。

（2）刀片磨钝、出现裂纹或不完整时应及时修复或更换。

（七）常见故障排除方法

多功能收割机的常见机器故障状况、可能的发生原因及排除方法，见表 1-2。

表 1-2　常见机器故障排除方法

机器故障状况	可能存在的原因	排除方法
发动机不能启动	没有燃油	添加燃油
	火花塞帽松动	按紧火花塞帽
	火花塞不点火	更换火花塞
	缸体内燃油过多	卸掉火花塞拉动启动器 5 ~ 6 次
	油路不通	清洗化油器
	点火器不点火	更换点火器

续表

机器故障状况	可能存在的原因	排除方法
启动困难且功率不足	空滤器脏	清洗空滤器
	消音器堵塞	更换消音器或清洗消音器内积炭
	燃油太脏	更换燃油
	化油器堵塞或泄漏气体	更换化油器或化油器垫
	油门线控制不灵	调节油门线
	阻风门处于关闭或半关闭状态	完全打开阻风门
发动机过热	火花塞积炭间隙未调好	清除积碳调整间隙
	空滤器过脏	清理空滤器
	缸体散热叶片过脏	清理缸体叶片
	润滑油不足	按比例加足润滑油
	启动器进风口或风扇阻塞	清除阻塞物
不正常的振动	刀片没装在花键垫圆凸台上	拆下重新装配
	连接安装部位松动	紧固松动部位

第二章　玉米生产全程机械化技术

第一节　玉米生育期划分及生育特性

一、按生育期分类

玉米生育期是指玉米从播种到新种子成熟所经历的天数，生育期的长短因品种、播种期、光照、温度等环境条件差异而有所不同。玉米全生育期分为播种、出苗、三叶、拔节、小喇叭口期、大喇叭口期、抽雄、开花、抽丝、籽粒形成期、乳熟、蜡熟期、完熟期等主要发育时期。

（一）播种期

播种期为播种当天日期。

（二）出苗期

出苗期为全田苗高 2 ~ 3cm 的幼苗出土达 60% 以上。

（三）三叶期

三叶期是玉米一生中的第一个转折点，玉米从自养生活转向异养生活，种子贮藏的营养耗尽，称为“离乳期”，这是玉米苗期的第一阶段。这个阶段土壤水分是影响出苗的主要因素，所以浇足底墒水对玉米产量起决定性的作用。另外，种子的大小和播种深度与幼苗的健壮程度也有很大关系。种子个大，贮藏营养就多，幼苗就比较健壮；而播种深度直接影响到出苗的快慢，出苗早的幼苗一般比出苗晚的要健壮。据试验，播深每增加 2.5cm，出苗期平均延迟一天，因此幼苗就弱。

（四）拔节期

拔节是玉米一生的第二个转折点，由于植株根系和叶片不发达，吸收和制造的营养物质有限，幼苗生长缓慢，主要是进行根、叶的生长和茎节的分化。玉米苗期怕涝不怕旱，涝害轻则影响生长，重则造成死苗，轻度的干旱，有利于根系的发育和下扎。

拔节期为全田 60% 以上的植株基部茎节开始伸长。

植株雄穗伸长，茎节总长度达 2 ~ 3cm，叶龄指数 30 左右。

（五）小喇叭口期

雌穗进入伸长期，雄穗进入小花分化期，叶龄指数 46 左右。植株有 12 ~ 13 片可见叶，7 片展开叶，心叶形似小喇叭口。

（六）大喇叭口期

大喇叭口期是营养生长与生殖生长并进阶段，这时玉米的第 11 片叶展开，上部几片大叶突出，好像一个大喇叭。此时植株已形成 60% 左右，雄穗已开始进行小花分化，是玉米穗粒数形成的关键时期。这时如果肥水充足，有利于玉米穗粒数的增加，是玉米施肥的关键时期。施肥量约占施肥总量的 60%，主要以氮肥为主，补施一定数量的钾肥也很重要。

叶龄指数 60 左右，雄穗主轴中上部小穗长度达 0. 8cm 左右，棒三叶甩开呈喇叭口状。

（七）抽雄期

抽雄期标志着玉米由营养生长转向生殖生长，是决定玉米产量最关键时期，也是玉米一生中生长发育最快，对养分、水分、温度、光照要求最多的时期。因此是使用灌溉、穗肥追肥的关键时期。

植株雄穗尖端露出顶叶 3 ~ 5cm。

（八）开（扬）花期

开花期是对高温最敏感的时期。为减轻高温对这部分夏玉米的危害，有条件的可以采取灌水降温、人工辅助授粉、叶面喷肥等措施。

植株雄穗开始散粉。

（九）抽丝期

玉米雌穗花丝一般在雄花始花后 1 ~ 5d 开始伸长。玉米花丝受精能力一般可保持 7d 左右，以抽丝后 2 ~ 5d 受精能力最强。抽丝后 7 ~ 9d 花柱活力衰退，11d 几乎丧失受精能力。花丝在受精后停止伸长，2 ~ 3d 后变褐枯萎。玉米抽穗开花期遇严重干旱或持续高温天气，不仅雄穗开花散粉少，还会导致雌穗抽丝延迟，使花期相遇不好，以致授粉受精率低。

植株雌穗的花丝从苞叶中伸出 2cm 左右。

（十）籽粒形成期

玉米通过双受精过程，完成受精后的子房要经过 40 ~ 50d 的生长发育，增长约 1400 倍而成为籽粒。胚和胚乳完成发育和养分积累 35 ~ 40d，其余的时间用于失水干燥和成熟，最终发育成为种子。

植株果穗中部籽粒体积基本建成，胚乳呈清浆状，亦称灌浆期。

（十一）乳熟期

自乳熟初期至蜡熟初期为止。一般中熟品种需要 20d 左右，即从授粉后 16d 开始到 35 ~ 36d 止；中晚熟品种需要 22d 左右，从授粉后 18 ~ 19d 开始到 40d 前后；晚熟品种需要 24d 左右，从授粉后 24d 开始到 45d 前后。此期各种营养物质迅速积累，籽粒干物质形成总量占最大干物重的 70% ~ 80%，体积接近最大值，籽粒水分含量为 70% ~ 80%。由于长时间内籽粒呈乳白色糊状，故称为乳熟期。

植株果穗中部籽粒干重迅速增加并基本建成，胚乳呈乳状后至糊状。

（十二）蜡熟期

自蜡熟初期到完熟以前。一般中熟品种需要 15d 左右，即从授粉后 36 ~ 37d 开始到 51 ~ 52d 止；中晚熟品种需要 16 ~ 17d，从授粉后 40d 开始到 56 ~ 57d 止；晚熟品种需要 18 ~ 19d，从授粉后 45d 开始到 63 ~ 64d 止。此期干物质积累量少，干物质总量和体积已达到或接近最大值，籽粒水分含量下降到 50% ~ 60%。籽粒内容物由糊状转为蜡状，故称为蜡熟期。

植株果穗中部籽粒干重接近最大值，胚乳呈蜡状，用指甲可以划破。

（十三）完熟期

蜡熟后干物质积累已停止，主要是脱水过程，籽粒水分降到 30% ~ 40%。胚的基部达到生理成熟，去掉尖冠，出现黑层，即为完熟期。一般以全田 50% 以上植株进入该生育时期为标志。完熟期是玉米的最佳收获期。

植株籽粒干硬，籽粒基部出现黑色层，乳线消失，并呈现出品种固有的颜色和光泽。

玉米机械化收获提倡适时晚收，一般指完熟期后延长 10d 左右收获。

二、生育阶段的划分

玉米生长发育的过程可分为苗期、穗期和花粒期。

（一）苗期

玉米苗期，是指从播种出苗到拔节所经历的时期。玉米苗期是营养生长阶段，主要是根、茎、叶的分化生长，地上部分主要以长叶为主，生长缓慢，主要目的是促进根系生长，培育壮苗，为高产打下基础。

玉米苗期，忍耐干旱的能力特别强，土壤含水量少一些会促进根系下扎，有利于提高抗旱和抗倒能力。玉米苗期抗涝能力弱，尤其是三叶期以前，若土壤渍水，容易形成“芽涝”。苗期最适宜的土壤水分为田间持水量的60%左右。

玉米苗期主要工作为：

1. 蹲苗

蹲苗的目的是为了抑制玉米幼苗的茎叶徒长，让其根系发育的技术措施。蹲苗一般遵循三个原则，“蹲黑不蹲黄，蹲肥不蹲瘦，蹲干不蹲湿”，一般是生长条件较好的田地里才会进行。如果玉米生长条件较差，则不宜进行蹲苗。

2. 中耕

中耕的意思就是对土壤进行浅层翻倒、疏松表层。

一般建议在苗期中耕1～2次，深度建议为3～5cm，这里须注意的是，要避免中耕的土壤压苗。

3. 追肥

追肥最佳时期一般是在大喇叭口期，目的是促根、壮苗，可以追施尿素，每亩10～15kg即可。

4. 防虫

玉米苗期害虫分地下和地上2种。如果播种时未拌种，就会出现金针虫、地老虎、蝼蛄等地下害虫，地上害虫有二点委夜蛾、蓟马、灰飞虱、棉铃虫、黏虫等，所以要注意观察，一经发现，及时防治。

5. 水分

玉米苗期耐旱不耐涝，要注意田间不要有积水，适当的水分即可。如果遇到连阴雨天，就要及时排水，如果遇到连续干旱的天气，也要注意灌溉。

（二）穗期

穗期是指从拔节到抽雄期间的生长阶段，穗期阶段是玉米植株营养生长和生殖生长并进的时期。穗期是玉米一生中生育最快、生长量最大、需肥需水最多的关键时期，氮、磷、钾的需要量约占全生育期的65%、55%和85%，需水量约占30%。这一阶段田间管理的中心任务就是促叶壮秆、穗多、穗大，既要保证植株营养体生长健壮，又要保证果穗发育良好，实现个体发育健壮，群体生长适度、整齐的丰产长相。

穗期是水分需求的关键时期。玉米穗期要灌好两次水。第一次在大喇叭口前后，正是追攻穗肥时期，应结合追肥进行灌溉，以利于发挥肥效，促进其根系生长，增强光合效率。第二次在抽雄前后，灌水量适当加大。抽雄前10d至后20d，是水分的临界期，穗分化及开花期对水分的反应敏感，干旱持续半个月以上，会造成玉米“卡脖子”旱，使幼穗发育不好，果穗小、籽粒少。干旱严重时，会造成雌穗和雄穗抽出时间间隔延长，雌穗部分不育甚至空秆。

穗期是玉米需肥的最大效率期。凡是安排穗期追肥或底肥使用量不足的地块均应及时追施玉米穗肥。尤其是在目前秸秆还田的条件下，追肥尽量提前，玉米拔节后即可追施，保证亩施纯氮总量15kg左右，满足亩产玉米500 ~ 600kg目标产量的氮肥需求。基肥施氮量一般在10kg左右，穗期一般亩追施尿素10 ~ 15kg即可，人工或机械条施入土壤中，施肥后及时满足水分供应，以利肥效的发挥。

穗期是病虫害防治的关键时期。穗期的虫害主要有玉米螟等。玉米螟在穗期阶段主要在心叶（喇叭口内）当中蛀食叶片，抽雄至吐丝阶段蛀食雌穗，在玉米开始结实后钻蛀秸秆和穗轴、穗柄。因此，防治玉米螟的最佳时期为大喇叭口期，抽雄以后再进行防治则会非常困难。玉米螟防治方法是在大喇叭口灌心，使用药剂多为辛硫磷等颗粒剂或Bt乳剂100 ~ 150mL加细沙5kg撒于心叶内防治。也可采用康宽或虫酰肼等喷雾防治玉米螟。夏玉米穗期的主要病害有褐斑病、茎腐病等。褐斑病可在玉米6 ~ 8片叶时选用20%三唑酮加入磷酸二氢钾等叶面肥喷雾防治，注意喷顶盖心和叶片均匀喷施；茎腐病可在发病初期用77%可杀得可湿性粉剂600倍液喷雾。

（三）花粒期

花粒期是指从抽穗到结实的时期，是以生殖生长为中心，籽粒建成的阶段，包括抽雄期、散粉期和结实期。这一时期的生育特点为营养器官基本形成，植株进入开花、散粉、受精结实为主的生殖生长时期，出现了玉米一生中的第三个转折点。这一时期田间管理的中心任务是保根保叶，防治茎叶早衰，提高粒重，达到稳产、丰产。

1. 玉米籽粒形成阶段分为 4 个时期

（1）籽粒形成期

玉米受精后 15d 左右进入胚的分化期。籽粒含水量达 80% ~ 90%，外形似珍珠，胚乳呈清糊状。此期条件不良易形成秕粒。

（2）乳熟期

自授粉后的 15d 起到 30 ~ 35d 止，此期籽粒干物质积累迅速，胚乳逐渐由乳状变为糨糊状，此期是增加粒重的关键时期。

（3）蜡熟期

自授粉 35d 起到 50d 左右为止为蜡熟期，这一时期干物质积累速度减慢，籽粒处于缩水阶段，胚乳由糊状变为蜡状，籽粒硬度不大，用指甲能掐破。

（4）完熟期

从蜡熟末期到种子完全成熟为完熟期。此期籽粒变硬，表面呈光泽，靠近胚的基部出现黑层，乳线消失，苞叶开始枯黄。

2. 玉米花粒期管理技术要点

（1）酌情追施粒肥

玉米生长后期叶片功能期长是实现高产的基本保证。玉米绿叶活秆成熟的重要作用之一就是花粒期有充足的养分供应。因此，应酌情追施粒肥。粒肥一般在雌穗开花期前后追施。视田间长势，每亩追施粒肥 5 ~ 10kg 尿素，同时满足水分供应。

（2）防治病虫害

夏玉米花粒期常有蚜虫、三代玉米螟、棉铃虫、黏虫等虫害，有锈病、弯孢菌叶斑病等病害，应加强防治。一般用吡蚜酮防治蚜虫，高效氯氟氰菊酯、虫酰肼等防治钻蛀性害虫，兼治食叶性害虫。

（3）合理灌排

玉米抽雄以后需水量较多，若遇秋旱应及时灌水以维持根系活力，吸收土壤养分和水分。玉米花粒期应灌好两次关键水：第一次在开花至籽粒形成期，是促粒数的关键水；第二次在乳熟期，是增加粒重的关键水。花粒期灌水要做到因墒而异，灵活运用，沙壤土、轻壤土应增加灌水次数；黏土、壤土可适时、适量灌水；群体大的应增加灌水次数及灌水量。籽粒灌浆过程中，若田间积水，应及时排除涝渍，以防涝害减产。

（4）适时机械收获

玉米达到完熟期适时晚收，能增加玉米产量 10% 左右。

三、生长发育特性

玉米属禾本科、玉米属、玉米种，学名是玉蜀黍。植株高大，茎强壮，挺直。叶窄面大，边缘波状，在茎的两侧生。玉米的根为须根系，除胚根外，还从茎节上长出节根，从驯化至今已有 5 000 多年的历史。玉米在长期的系统发育过程中形成对温度反应敏感，对日照长短不尽敏感的喜温、短日照的生长发育特性。

玉米起源于热带，属于喜温作物，在其生长发育过程中要求有 10℃以上的一定的积温才能完成其生长发育过程。玉米各生育期的长短与有效积温有密切的关系。据报道，在玉米从出苗到抽雄的生育期内，播期不同所需的有效积温也不同，适时早播该段生育期长，所需积温少。从抽雄到成熟阶段，生育期随播期的不同，其差异不大，有效积温也较为稳定。在光照相同的条件下，温度是影响玉米出苗到抽雄这一段生育期长短的主要因素。由此可见，玉米生育期长短随播期的变化主要是由玉米从出苗到抽雄的时期的长短所致。因此，在生产上提倡的玉米要适时早播，主要是延长了玉米从出苗到抽雄的时间，从而有利于营养物质的积累和幼穗分化，进而提高了玉米的产量。

玉米属于短日照作物，短日照下发育较快，生育期缩短；长日照下发育变慢，生育期延长。但是玉米属于非典型的短日照作物，在较长的日照下也能开花结实。因此也决定了玉米分布比较广泛。其中不同类型的品种受光照的影响也不同。早熟种对光照反应迟钝，晚熟种则较为敏感。强光照加速玉米发育，蓝光促进玉米叶绿素的积累，使玉米干物重增加。总之，北种南引，温度升高，日照缩短，宜引生育期长的品种；低海拔引种到高海拔，温度下降，宜引生育期短的品种；低纬度引向高纬度，温度降低，日照变长，宜引进生育期短的品种。

第二节 玉米铁茬直播机械化技术

所谓“铁茬”，是指硬地而且有麦茬的意思，夏玉米铁茬直播机械化技术是指小麦收获后为防治倒伏和争得玉米生长所需要的积温，达到高产目的的夏玉米的种植方法。即小麦采用联合收获机收获后，采用玉米免耕播种机在麦茬地直接施肥播种，播种后苗前或苗后喷施除草剂灭草。

一、前茬作物的基础准备

（一）前茬小麦种植时机和种植方式应同后茬玉米种植相适应

小麦行宽要与玉米免耕机械化播种机的作业幅宽相匹配，实行前面机收后面机播，不仅抢农时，而且提高了玉米播种质量，为玉米生长管理创造条件。

（二）小麦秸秆打捆离田或秸秆粉碎还田覆盖，控制留茬高度

小麦秸秆打捆离田是小麦联合收获后采用秸秆捡拾打捆机将秸秆打捆运出田地，实现秸秆资源化利用和农民增收，为夏玉米播种创造良好条件。要求小麦留茬高度不超过15cm。

小麦秸秆粉碎还田覆盖采用带秸秆切碎和抛撒功能的小麦联合收割机，或在小麦联合收割机出草口处，装配专门的秸秆切碎抛撒装置进行联合收获作业。小麦留茬高度不超过15cm，秸秆切碎长度不超过8cm，切断长度合格率≥95%，且抛撒均匀，抛撒不均匀率≤20%，漏切率≤1.5%。如果秸秆量较多，应将多余的秸秆清理出地块，保证玉米铁茬播种的质量。

青岛地区鼓励小麦秸秆打捆离田资源化利用。根据青岛市气候情况，如小麦、玉米两季秸秆都还田的话，土壤中秸秆量偏大，影响作物播种，根据小麦玉米周年连作生产的实践经验，青岛地区适合选用“小麦秸秆打捆离田，玉米秸秆粉碎还田”的作业模式。

也可以采用小麦玉米两季秸秆还田模式。小麦收获季节，利用带秸秆粉碎还田装置的小麦联合收获机将小麦秸秆粉碎后均匀抛撒地面，喷洒腐熟剂，直接免耕播种玉米；在玉米收获季节，采用带秸秆粉碎机的玉米联合收获机收获玉米时将秸秆粉碎，然后用大马力旋耕机趁秸秆青绿时进行旋耕混土还田或采用翻转犁深翻翻埋还田，完成秸秆还田后播种小麦。该模式适用于一年两熟制小麦—玉米轮作，要求光热资源丰富，秸秆还田后有一定的降雪（雨）天气，或具有一定的水浇条件；同时要求土地平坦、土层深厚，成方连片种植，适合大型农业机械作业。

二、品种的选择及种子处理

（一）品种选择

根据土壤、肥力等条件的不同，精选生育期适中、高产、抗病抗逆性强、商品性能好、耐密植、适合机械化作业的中早熟杂交品种，并对种子进行包衣处理，以防止地下虫害和

苗期病害的发生。

同时要求选择的种子纯度高、发芽率高、活力强、大小均匀一致、籽粒饱满、适宜单粒精量播种的优质种子。要求种子要经过精选，确保精播后苗全、苗匀、苗壮。种子纯度≥ 98%，种子发芽率≥ 95%，净度≥ 98%，含水量≤ 13%。

（二）种子处理

选用高质量精选处理的种子，有条件的可进行等离子体、磁化、高压静电场等物理的方式进行处理，要求处理后的种子纯度达到96%以上，净度达98%以上，发芽率达95%以上。

为有效防治苗期病虫害，可对所购买种子进行二次包衣。药剂选用噻虫嗪+溴氰虫酰胺（即先正达的福亮）防治苗期虫害；选用精甲霜灵+咯菌腈+嘧菌酯（即先正达的宝路）防治苗期病害。

三、播种

（一）播期

适时播种是保证出苗壮、出苗齐的重要措施，土壤相对含水量达 70% ~ 75%时，即可进行播种。一般情况下，为了抢时、抢墒，在小麦收割后及时播种。

（二）播量

根据品种特性、地理条件、栽培管理水平及农艺要求确定合理的种植密度。籽粒玉米在一般地块每亩保苗 4 500 株左右，高产田玉米可适当提高；青贮玉米每亩保苗 5 000 株左右，鲜食玉米每亩保苗 3 000 ~ 3 500 株；考虑虫害等造成缺苗断苗问题，实际播种密度比预定收获密度增加 10%左右。

（三）带施底肥或种肥

播种时，若采用缓释肥或控释肥，可用全层施肥方法一次施入测土配方 40 ~ 50kg 缓释肥或控释肥，每亩增施 1kg 以上硫酸锌；种肥采用侧深施，施肥深度一般为 8 ~ 10cm，与种子错开 5cm 以上，肥带宽度在 3cm 以上，防止烧种和烧苗。

若采用普通的速效肥，在施足底肥的前提下，在玉米拔节期、大喇叭口期、花粒期深施追施，反对“一炮轰”施入。

（四）行距、株距、播深

1. 行距

根据农艺和玉米机收要求，坚持农机与农艺融合的原则，选择适宜的播种行距。宽窄行播种的，行距一般在80cm和40cm；等行距播种一般在60cm。目前大力推广玉米等行距免耕播种，播种行距为60cm，以利于玉米机收和提高产量。

2. 株距

以保证玉米单位面积的成苗株数为前提，在行距一定的情况下，通过调整播种机株距，达到不同玉米品种所要求的种植密度，这与播量相关。一般株距在15 ~ 25cm。

3. 播深

玉米的播深主要根据土壤墒情和土壤的质地来定。玉米机械化播种深度一般3 ~ 5cm，做到深浅一致、行距一致、覆土一致，防止漏播、重播或镇压轮打滑，播后要及时镇压，确保土壤紧实及土壤保墒能力，有利于种子发芽，确保苗全、苗齐、苗壮；适当浅播，结合浇“蒙头水”有利于培育壮苗。

四、播种作业的质量要求

单粒率≥85%，空穴率＜5%，伤种率＜1.5%；播深或覆土深度一般为4 ~ 5cm，误差不大于1cm；株距合格率≥80%；种肥应施在种子下方或侧下方，施肥深度8 ~ 10cm，与种子相隔5cm以上，肥条宽度3cm以上，且肥条均匀连续；苗带直线性好，种子左右偏差不大于4cm，以便于田间管理。

五、机手的要求

配备有丰富驾驶经验的农机手，做到匀速行驶、人机一体，确保不重播、不漏播、不来回碾压。机手操作不熟练会影响作业机具性能的发挥。

六、化学除草

采用带有喷药装置的播种机喷洒土壤封闭型除草剂一次完成，或播后苗前土壤墒情适宜时用40%乙阿合剂（或48%丁草胺·莠去津、50%乙草胺）等除草剂，兑水后进行封闭除草。结合土壤封闭除草喷洒杀虫杀卵剂，杀灭麦茬上的二点委夜蛾、灰飞虱、蓟马、麦秆蝇等残留害虫。

对于秸秆覆盖量较少或留茬低、无秸秆覆盖的地块，可以在玉米播后苗前及时喷洒封闭除草剂；如果秸秆覆盖量较大或墒情不好，建议玉米3 ~ 5叶时喷洒茎叶处理剂，喷洒时应压低喷头定点喷洒，注意尽量不要喷到玉米芯中，以免伤害玉米。

规范喷药方法和用量，避免重喷、漏喷和发生药害。化学除草可采用带有喷药装置的播种机一次完成，或采用植保设备喷施。喷施除草剂要求选用扇形狭缝防滴喷头，并配备防漂移装置。一般选用喷杆式喷雾机、背负式机动喷雾机；为避免除草剂漂移，一般不选用植保无人机。

七、玉米精量播种机

（一）按排种方式分类

玉米铁茬播种机是一种能在秸秆覆盖或带小麦茬的未耕地上一次性完成破茬、开沟、施肥、播种、覆土、镇压等多道工序的玉米播种机械。我国使用的玉米施肥精量播种机按排种方式可分为机械式和气力式两种。现有的各种型号精密播种机都可以一次完成施肥、清茬、播种、覆土、起垄、镇压等作业。机械式精密播种机排种器主要有窝眼式、勺轮式和指夹式三种；气力式精密播种机可分为气吸式和气压式。这种播种机播种精度高，种子无破损，可以高速作业。

1. 勺轮式精量播种机

（1）勺轮式排种器及排种原理

勺轮式排种器是一种排种质量较好的排种器，主要用于精播玉米、大豆、棉花等作物。相比于气吸式排种器，勺轮式排种器可能在精度上稍微逊色，但也基本可以满足需求，且结构较为可靠，价格相对低廉，因此广受农民朋友的喜爱。

勺轮式精密排种器主要由排种器体、导种轮、排种勺轮、隔板、排种器盖等组成。隔板安装在排种器体与排种器盖之间，彼此相同，静止不动。玉米排种勺轮安装在导种轮上，圆环形隔板位于排种轮和导种轮之间，与它们各有 0.5mm 左右的间隙，使其相对转动时不发生卡阻。工作时，种子经由排种器盖下面的进种口限量地进入排种器内下面的充种区，使勺轮充种。工作时，勺轮和充种轮顺时针转动，使充种区内的勺轮型孔进一步充种，种勺转过充种区进入清种区，勺轮充入的多余种子处于不稳定状态，在重力和离心力的作用下，多余的种子脱离种勺型孔，掉回充种区，当种勺轮转到排种器上面隔种板上的递种孔处时，种子在重力、离心力作用下，导入与种勺对应的导种轮凹槽中，种勺完成向导种轮递种，种子进入护种区，继续转到排种壳体下面的开口处时，种子落入开沟器开好的种沟中，完成排种。

（2）勺轮式精量播种机使用调整

①种肥距离调整

播种开沟器必须与施肥开沟器左右方向错开 5cm 以上，避免化肥烧苗。

②行距调整

松开各总成 U 型丝，松开变速箱拉板 U 型丝；松开非变速总成传动轴上的平卡子；松开施链轮顶丝（三行机除外）；轴向移动各总成和施肥链轮、链条（三行机除外），达到目标行距后拧紧前几步松开的螺丝；调整施肥开沟器位置。

③株距调整

调整变速箱传动比可以改变整台机器各行株距。操作时，下拉手杆，使指示杆置于空挡槽，然后左右操纵手杆观察指示杆位置变化。当指标杆到达所选挡位槽入口处时，松开手杆，指示杆自动进入挡位槽，株距调整操作完毕。实际操作时需要注意的是以上调整的为理论株距，如果地表松软，地轮粘泥时株距会相应增大。

④深度调整

调整施肥深度，要松开施肥开沟器 U 型丝，上下移动犁柱调整深浅，上移则浅，下移则深。各施肥开沟器下尖线要与机架平行，建议施肥开沟器较播种开沟器深 5cm，以实现化肥深施。调整播种深度时，顺时针转动手轮，则地轮降低，开沟器上升，播种深度减小；反之播种深度加大。如果各行深度要求不一致，可以松开所调总成前方立柱上的两个顶丝，上下移动播种开沟器，实现该行的深度调整。

⑤播种量调整

勺轮式排种器为精量播种器，正常情况下空穴率不超过 5%，重播率不超过 10%。如果遇到特殊种子，可调整排种器上的隔板定位耳。隔板定位耳上移，则重播率降低，但空穴率提高；隔板定位耳下移，则空穴率降低，但重播率提高。用户要反复调整试验，直到满意为止。

⑥施肥量调整

清空排肥盒内化肥，松开轴端的碟形螺母，旋转手轮，以改变排肥盒内的外槽轮轴向工作长度，实现施肥量调整，完成后再旋紧螺母。逆时针旋转手轮，槽轮工作长度缩短，施肥量减少；顺时针旋转手轮，槽轮工作长度加大，施肥量增加。

⑦链条松紧调整

主链条用张紧轮调整；排种链条调整时可以松开排种器的四个安装螺栓，上下移动排种器，改变两链轮的中心距达到调整目的；排肥链条可通过前后移动施肥斗位置，改变中心距达到调整目的；变速箱输入链条调整时，可以松开变速箱拉板和固定变速箱法兰顶丝，摆移变速箱，可以调整该链条松紧。

（3）操作方法

①装种与装肥

首先要筛去种子内的碎末、砂土等细小颗粒，拣去大块杂物，撒落捡起的种子必须清选后再装，包衣种子应晾干，浸籽或包芽籽应控制水分。装种前应检查清种口盖是否盖好，输种管两端是否接好，发现问题应及时排除后方可装种。种子加入种箱后应立即盖好种箱盖，作业时不要打开。作业时应观察输种管内种子位置，当种子上平面接近管底部时，应及时加种，否则容易漏播。将化肥结块砸碎，拣去杂物，过湿的流动性差的肥料应事先晒干。装肥前检查斗内有无杂物，装完后检查斗底拉板是否打开。

②清肥与清种

清肥时打开化肥斗底部的放肥口盖，、让大部分化肥从此口流出，剩余肥料可抽去清肥口抽拉板打开清肥口排出，需要时可抽去排肥盒底部的铁丝，打开排肥舌，可清尽化肥。清种时应先去除粘在开沟器上的泥土，并在开沟器下接袋，取下清种口盖，将种子流出；不能流出的种子可以用手指拨出，也可以一手接袋，一手转动地轮，直至种子清完。

③余行停播操作

当作业地块出现余行时，比如有块地共 8 行，用 3 行播种机作业两次完成 6 行，还剩 2 行，不够一次作业，就出现了余行，此时就需要将某一个或几个播种总成停播。勺轮式精量播种机在排种传动轴上配有离合器，可以很方便地把排种盘与传动系统分离或结合。

2. 指夹式精量播种机

指夹式精量播种机是一种播种精度较高的机械式精量播种机。其排种器在竖直圆盘上安装有由凸轮控制的带弹簧的夹子，夹子转到取种区时，夹住一粒或几粒种子，转到清种区时，由于清种区表面凹凸不平而引起振动，使多余的种子脱落，仅保留一粒种子。当指夹转动到上部排种口时，种子被推送到位于指夹盘背面并与指夹盘同步旋转的导种链叶片上，叶片把种子带到开沟器的上方，种子靠重力落入种沟。这种排种器对扁粒型种子如玉米效果较好，但不适用于大豆等作物。

该机型播种精度较高，高速条件下作业性能也较好，但结构复杂、通用性差。适用于玉米秸秆全覆盖免耕播种和常规播种，作业速度为每小时 4 ～ 8 亩之间。

3. 气吸式精量播种机

气吸式精量播种机为我国推广量最大的一类气力式精量播种机械，生产厂家较多。气吸式排种器与机械式排种器相比，通用性好，不需要对种子严格尺寸分级，种子破碎率也很低，播种单粒率较高，并且可以适应高速作业。但气密性要求较高，排种器结构也较复杂，且容易磨损，配置风机动力消耗大，播种速度不能慢，风机转速低的话，风压小，排种盘吸不住种子，排种不准确，一般地头换挡转弯时易发生空穴。气吸式在国内两季种植区域还有一个不可解决的问题是作业时排种器会吸麦秸，影响田间行进速度和播种精度。

其工作原理为：利用排种单体真空室内真空度产生的吸力将种子吸附在排种盘上，当种子到达排种口时，吸力消失，种子落入种沟内。其工作部件是一个带有吸种孔的垂直圆盘，圆盘的背面为与风机吸风管连接的真空室，圆盘的正面与种子接触。当圆盘转动时，真空室的负压将种子吸附在圆盘吸孔上，随圆盘一起转动。种子转到圆盘下方位置时，吸附有种子的吸孔跃出真空室外，吸力消失，种子靠自重或推种器下落到种沟内。

更换吸种盘，变换吸孔大小及盘上的吸孔数，可适应各种种子的粒型、尺寸及株距要求。其工作质量可用空穴率和重播率来评价。

4. 气压式精量播种机

风机产生排种所需风压，通过接管使种子箱内保持比排种滚筒高 10% 的风压，这样种子就流向排种滚筒。排种滚筒内的种子靠自重和风压压服在型孔窝眼内，并随滚筒转动到上部，经过清种毛刷时去掉多余种子，只留一颗转动到卸种部位。卸种轮堵住型孔，压差消失，种子落入接种漏斗，随气流经输种管落入种沟。该排种器的特点是：实现单粒精播，排种精确；气力充种、压种、投种，绝对不伤种子；改变风机转速以调节风压来满足不同种子的所需压覆力，改变排种滚筒转速来调节株距，调整方便。整个排种系统密封要求严格，消耗动力相对较大，制造精度要求高，制造和使用成本较高。有效地解决了气吸式播种机吸麦秸杂物的问题。

（二）按功能分类

按播种机的功能可分为玉米铁茬施肥精量播种机、玉米深松全层施肥免耕精量播种机、玉米清茬精量免耕播种机等。按播种行数有 2 行、3 行、4 行、6 行、9 行等。

八、玉米免耕精量播种机的保养

1. 玉米免耕播种机作业期结束后，应及时清除机器表面的泥土和杂物，并对各梁、架、箱等外表面进行检查，如有漆皮脱落现象，应及时补刷油漆，防止机器锈蚀。

2. 应彻底清理种子箱，将剩余种子和残渣清理干净，并将排种器卸下，清理干净后组装安好；肥料箱也应彻底清理残留的化肥，清洗排肥部件，晒干后组装安好；如播种、排肥部件为工程塑料部件，应用洗衣粉水清洗，再用清水冲洗干净，晾干后组装；同时检查排种器、排肥器的传动部件是否灵活，适当进行调整。

3. 应认真检查玉米免耕播种机的传动装置和传动机构。对传动链条要用柴油清洗、晾干后涂抹润滑油单独保存；对开沟器应清洗后涂油防锈，若为圆盘开沟器应卸下分解后，用柴油清洗晾干，注油重新组装，并对开沟圆盘涂油防锈；有些免耕播种机有播种监控系统，应将播种监视器及播种导种管一起卸下，单独保存在干燥有遮盖的房间里，防止线路老化。

4. 认真检查玉米免耕播种机的各种易损部件，如各种插销、开口销等，看是否有缺失或损坏，如有应进行更换。

5. 认真检查玉米免耕播种机各相关部位是否缺油，如缺油应立即补充；对需要润滑的部位，如仿形轮支臂轴、施肥开沟支臂轴、地轮支臂轴注入润滑脂，对齿轮传动装置应加注润滑油，防止锈蚀，影响使用质量。

6. 玉米免耕播种机要封存在相对干燥通风、避光、干净的环境下，最好为室内保存，并将玉米免耕播种机架空，用苫布遮盖，防止机具受潮腐蚀，造成机具老化。如露天放置，应将机具架空放置并有防雨遮盖物遮盖，防止阳光曝晒或雨淋造成机具老化。

7. 定期对玉米免耕播种机进行巡查，发现异常及时处理。

第三节 玉米烘干机械化技术

玉米干燥是玉米全程机械化的一个重要环节，目前玉米收获以玉米穗收获为主，这种收获方法主要采用自然晾晒与机械烘干相结合的干燥模式。玉米穗收获后可直接晾晒玉米穗或脱粒机脱粒后晾晒，视天气情况，晾晒一段时间后再用烘干机将籽粒水分降到 14% 以内。选择玉米籽粒收获，若规模较大的话，短时间内堆积大量玉米籽粒，须采用烘干机及时烘干，避免霉变。

玉米烘干机械化技术是指收获后的玉米籽粒采用合适烘干机将湿玉米烘干到安全储藏水分的机械化技术。玉米烘干过程是一个复杂的传热、排湿过程，同时伴随着玉米本身的生物化学品质变化。在干燥过程中，不仅要除去玉米中多余的水分，达到安全贮存的标准，而且要保证玉米品质不降低，并尽可能得到改善。

玉米是难以干燥的粮食作物之一，主要是因为玉米胶质致密、表皮坚硬，不利于水分从玉米内部向外部转移。特别是在高温干燥介质作用下，由于其表面水分急剧汽化，玉米表皮内的水分不能及时转移出来时，不利于玉米的干燥。玉米干燥介质温度若超过 150℃，玉米受热温度大于 60℃时，其品质就会下降。根据玉米的特性和收获时的水分（20% ~ 30%），最理想的烘干工艺是多级高低温交替干燥，这样既可保证玉米的品质，又可节省能源。

一、烘干机的选择要求

（一）烘干机类型选择

玉米烘干首选多级顺流高温烘干机，也可选用混流烘干机、横流烘干机，一般不建议选用低温循环式烘干机。

（二）合理配置烘干机的型号大小

烘干机型号大小的配置，是根据当地的实际情况，以及对烘干机的生产率和降水幅度这两个重要指标的要求来综合分析确定。如要求是3 000t含水率为26%的玉米，环境温度平均为22.5℃时，玉米可存放15d左右，每天工作20h，30d烘完降至14%的安全水分，可选用处理量为5t/h的小型、干燥能力较大的烘干机（折算到每小时降5%的水时，其干燥能力为每小时12吨水）。若粮食集中的产区，烘干季节内粮食处理量大，就可根据实际情况选择大型高温、高效、快速烘干机。

（三）以服务半径确定烘干机的生产能力

烘干机的配备宜大不宜小，因为多数情况下在收获季节遇上雨季时，才需要发挥烘干机的作用，烘干量大，生产率小不能解决问题。国家及地方的储备库，粮食集中的产区应建大、中型烘干机。固定式烘干机的服务半径宜小不宜大，以减少运输距离，降低成本，提高效益。

（四）根据当地的能源资源，选择烘干热源

选择烘干机时必须考虑当地的能源资源，以做到合理利用，降低成本。如有煤矿的粮食产区，热源以用煤、无烟煤或焦炭为宜，其价格经济，但燃煤热风炉一次性投资大。有油田和天然气的粮食产区，可用轻柴油、重油或天然气及丙烷等作为热风炉燃料，这类燃料使用成本高，但热风炉一次性投资小。专用种子烘干机应用燃油或天然气的热风炉为宜，因为它的风温稳定，易控制，能够保证烘干种子发芽率。

（五）选择烘干机时要考虑到环境条件

由于各种作物的收获季节不同，以及南北方烘干时的温度差异等因素，必须考虑烘干效果和作业成本。如沿海地区尽可能避免在低温潮湿的天气里烘干谷物，否则脱水效果差、

生产率低、烘干成本高。北方地区有近一半的时间是在0℃以下烘干作业，外界温度越低，所需的单位热耗相对较大，成本较高。因此在北方0℃以下作业的烘干机外壁及热风管道应加保温层，以减少热量损失。

（六）附属设备的配备

粮食烘干机要完成好烘干作业，必须配备一些附属设备。连续式烘干机在储粮段应设上下料位器（或溢流管等），流程中的暂存仓应设满仓料位器，提升机应有自动停机及堵塞报警装置等。电机应设有过载保护装置，并能实现手动和自动连锁控制。排粮机构应能实现调速或无级变速。温控仪表应能显示热风温度及各段粮温，并能高温报警。为测试粮食的含水率，应配备快速水分测试仪。

二、技术要求

玉米干燥的技术要求：

干燥不均匀度：≤1.5%。

单位热耗值：＜8MJ/（kg·H_2O）。

破损率：≤0.3%。

热风温度：＜150℃。

粮温≤50℃。

三、烘干工艺要点

1. 烘干前通过清理筛清除玉米中的杂质，如玉米芯、玉米皮等，增加烘干效率，防止烘干时着火。清洁率达96%以上。

2. 对需要烘干的玉米按照水分差异进行分组后再进行烘干，进入烘干机的玉米水分差异不得大于3%，有利于烘干的均匀性，既降低能耗，又提高玉米等级。

3. 热风温度不高于150℃，粮食温度不超过50℃。

4. 第一塔粮食烘干后，热风达150℃时开始排粮，排出的粮返回烘干塔，直到排出粮含水率达14%为止，这时烘干机达到了连续作业状态。

5. 烘干的玉米经过冷却后温度不高于环境温度（0℃以上）8℃为宜。环境温度低于0℃时，不超过8℃。

6. 根据不同的塔体结构，自定出粮水分检测时间。

7. 正常作业时，玉米在塔内停留的时间不超过5h。

8. 根据入机的玉米水分，调整风温、生产率。

9. 如果设备出现故障，应停止热风供给。

第四节 玉米秸秆综合利用机械化技术

目前国内现有玉米联合收获机机型摘穗机构多为摘穗板–拉茎辊–拨禾链组合结构，秸秆粉碎装置有青贮型和粉碎型两种。青贮型主要用于茎穗兼收型玉米联合收获机，秸秆粉碎型主要用于摘穗型玉米联合收获机。

玉米秸秆综合利用主要包括秸秆还田与秸秆青贮（过腹还田）等方式。

一、玉米秸秆还田的技术路线

根据玉米秸秆在耕作层的还田部位和还田数量比例，可以分为秸秆覆盖、碎混和翻埋三种还田技术模式。

（一）玉米秸秆覆盖还田耕种技术路线

机械收获时秸秆粉碎均匀还田于地表→采用小麦免耕播种机播种。要求秸秆粉碎长度< 10cm，秸秆覆盖地表均匀，秸秆覆盖量不影响小麦播种。

（二）玉米秸秆碎混还田耕种技术路线

1. 机械收获时粉碎秸秆均匀还田于地表→重耙耙碎根茬和秸秆→深翻旋耕或旋耕→采用小麦精量播种机播种。每亩撒施 3 ~ 5kg 腐熟剂并增施 5kg 尿素后，要用重型圆盘耙耙两遍，以进一步切碎秸秆和根茬。耙茬后进行深翻旋耕或旋耕作业。深翻深度 25m 以上，保证秸秆、尿素、腐熟剂充分混合，深翻后注意及时旋耕整地压实，以免跑墒；旋耕，以碎土保墒，使秸秆、肥料与土壤混合，并分布在 3 ~ 10cm 的土层中。

2. 机械收获时粉碎秸秆均匀还田于地表→根茬秸秆粉碎还田机作业使秸秆与土壤混合→采用小麦精量播种机播种。每亩撒施 3 ~ 5kg 腐熟剂并增施 5kg 尿素，促进秸秆腐熟分解。

（三）玉米秸秆过腹还田

玉米茎穗兼收或玉米全株青贮→制作青贮饲料，通过饲喂过腹还田。

秸秆过腹还田，就是把秸秆作为饲料，在食草动物腹中消化吸收一部分营养物质（如糖类、蛋白质、纤维素等），其余变成粪便后施入土壤，能培肥地力，无副作用。秸秆过腹还田使秸秆得到充分利用，有利于促进秸秆资源分解和作物养分的吸收。因为秸秆中的蛋白质、脂肪、维生素和矿物质，在没有分解之前是不能被作物吸收的，通过秸秆饲养畜禽，既为畜禽提供了营养，增加了经济效益，又通过畜禽过腹消化，为秸秆分解提供了物理、化学和微生物等条件。

二、秸秆粉碎还田机

（一）秸秆粉碎还田机工作原理

秸秆粉碎还田机是利用拖拉机的动力输出轴，通过传动系统驱动高速旋转的粉碎部件，对田间农作物秸秆进行直接粉碎并还田的作业机具。其工作原理是高速旋转的粉碎刀对地上的秸秆进行砍切，并在喂入口处负压的作用下将其吸入粉碎室，使秸秆在多次砍切、击打、撕裂、揉搓的作用下成碎段和纤维状，最后被气流抛送出去，并均匀地抛撒到田间地面。

（二）秸秆粉碎还田机分类

1. 按主要工作部件

秸秆粉碎还田机按其主要工作部件粉碎刀的结构形式可分为锤爪式、Y形甩刀式和直刀式等类型。

（1）锤爪式粉碎刀

锤爪质量较大，可产生较大的锤击惯性力，对玉米、高粱、棉花等硬质类秸秆有较好的粉碎性能，但消耗功率较大，在刀具较新时粉碎和捡拾效果好。如果刃部磨损，粉碎效果和捡拾效果（作用）会急剧下降。其优点是锤爪数量少、维修费用低、锤击力大、产生的负压高、喂入性好、对沙石地适应性好。

（2）Y形甩刀式粉碎刀

两片弯刀组成Y形。刀片随刀轴高速旋转，冲击并切断秸秆，粉碎效率高，但粉碎效果不如直刀型，动力消耗大，但其捡拾功能比直刀强，捡拾秸秆性能较好，对不同秸秆适应性较强，在秸秆还田效果不严、一遍作业的地区和地表不平沟凹较深的地块比较适用。与锤爪相比，甩刀的体积、重量和所受的阻力小，消耗功率小，刀片在切割部位开刃。

（3）直刀式粉碎刀

一般由3片直刀为一组，间隔较小，排列较密。作业时有多个刀片同时参与切断，切削刃部小，动力消耗小，工作效率高，刀片数量多，秸秆撞击次数多，切碎质量好。但其刀片维修费用高，主要适用于秸秆不是特殊粗大的平地。直刀片在工作部位开刃。

2. 按工作部件的运动方式

按工作部件的运动方式可分为工作部件绕与机具前进方向垂直的水平轴旋转，称卧式秸秆粉碎还田机；工作部件绕与地面垂直的轴旋转，为立式秸秆粉碎还田机。

目前卧式秸秆粉碎还田机使用较为普遍，通常采用逆转（刀轴的旋转方向与前进方向相反）方式作业，这样能够充分地将地面的秸秆捡拾粉碎。立式秸秆粉碎还田机多用于棉花秸秆的粉碎还田。

3. 按传动方式

按传动方式可分为单边传动和双边传动，齿轮、传送带和链条传动。按主机又可分为与拖拉机配套的秸秆粉碎还田机和与联合收获机配套的秸秆粉碎还田机。

（三）秸秆粉碎还田机的安装调整

为使秸秆还田机充分发挥作用，达到安全、高效、低耗的目的，驾驶员操作时必须正确使用及调整。

1. 万向节的安装

万向节与主机的连接，应保证还田机与提升方轴时套管及节叉既不顶死，又有足够的长度，保证传动轴中间两节叉的叉面在同一平面内。若方向装错，不但会产生响声，还会使还田机震动加大，并易引起机件损坏。

2. 还田机水平和留茬高度的调整

还田机与拖拉机连接后，应调节拖拉机悬挂机构的左右斜拉杆，使还田机左右成水平；调节拖拉机上拉杆使其纵向接近水平。根据土壤疏松程度、作物种植模式和地块平整状况，调节地轮连接板前端与左右侧板的相对位置，以得到合适的留茬高度。

3. 各零件和润滑部件的检查

作业前首先检查各零件是否完全，紧固件有无松动，胶带张紧度是否合适，并按要求向齿轮箱加注齿轮油，向需润滑部件加注润滑脂。

4. 空运转试车

检查完毕后，将还田机刀具提升至离地面 20 ~ 25cm 处（提升位置过高易损坏万向节），接合动力输出轴空转 3 ~ 5min，确认各部件运转良好后方可投入作业。

（四）秸秆粉碎还田机的安全使用

1. 秸秆粉碎机应固定在地面上，可以用水泥来固定。如经常变动工作地点，粉碎机和电动机要安装在用角钢制成的机座上。

2. 秸秆粉碎机安装后应仔细检查是否安装到位，检查有无安装得不够牢固者。电动机轴和粉碎机轴是否平行，同时要检查传动带松紧度是否合适。

3. 秸秆粉碎机启动前，先用手转动转子，检查运转是否灵活正常，机壳内有无碰撞现象，转子的旋转方向是否正确，电机及粉碎机润滑是否良好等。

4. 秸秆粉碎机不要经常更换带轮，以防转速过高或过低。

5. 秸秆粉碎机启动后应先空转 2 ～ 3min，无异常现象后再投料工作。

6. 秸秆粉碎机送料要均匀，若发现有杂声、轴承与机体温度过高或向外喷料等现象，应立即停机检查，排除故障。

7. 秸秆粉碎机工作前工作人员应仔细检查物料，防止金属、石块等硬物进入粉碎室引发事故。

8. 送料时，工作人员应站在秸秆粉碎机侧面，以防被反弹出的杂物打伤。粉碎长茎秆时手不可抓得过紧，以防手被带入。

9. 秸秆粉碎机在停机前先停止送料，待机内物料排除干净后，再切断电源停机。停机后要进行清扫和维护保养。

10. 秸秆粉碎机作业 300h 后，须清洗轴承，更换机油；装机油时，以满轴承座空隙的 1/3 为好，最多不得超过 1/2。

（五）秸秆粉碎还田机的保养

作业时，齿轮箱中应加齿轮油，一般油面高度以在齿轮浸入油面三分之一为宜。酌情及时清除机内壁上沾集的土层，以免加大负荷和加剧锤爪或甩刀磨损。

作业结束后，清理检修秸秆粉碎还田机，应及时清除刀片护罩内壁和侧板内壁上的泥土层，以防加大负荷和加剧刀片磨损。保养时，必须按时注足黄油。

每年作业结束保养机具时，应清洗变速箱、更换齿轮油，添加量不允许超过油尺刻线。工作前要检查油面高度，及时清除沉淀在齿轮箱底部的脏物。

更换锤爪或甩刀时应成组更换，以保持刀轴的动平衡。要将同组锤爪按质量分级，质量差不大于 25g，只有同一质量级的锤爪或甩刀方可装在同一滚筒上。

作业结束后，清理检修整机。各轴承内要注满黄油，各部件做好防锈处理，机具不要悬挂放置，应将其放在事先垫好的物体上，停放干燥处，并放松皮带，不得以地轮为支撑点。入库存放，用木块垫起，使刀片离开地面，以防变形。

第三章 花生生产全程机械化技术

第一节 花生的类型、生态特征及各生长期生育特点

一、花生的类型

（一）按花生籽粒的大小分类

分为大花生和小花生两大类。

（二）按生育期的长短分类

分为早熟、中熟、晚熟三种。

（三）按植株形态分类

根据花生植株的株型指数和主茎与侧枝所构成的角度分为三种株型，即直立型、蔓生型和半蔓生型。

1. 直立型

株型指数为1.1～1.2，第一对侧枝与主茎形成的角度＜45°，如珍珠型、中间型等。其特点是株型直立、株丛紧凑，一般只有第二次分枝。山东栽培的多为直立型花生。

2. 蔓生型

株型指数为2或＞2，侧枝几乎近地生长，与主茎约成90°角，仅前端直立向上生长，其长度不及匍匐部分的1/2，如龙生型品种。其特点是侧枝匍匐在地面、株丛分散、分枝性强，有三次以上的分枝。国外栽培的品种多为蔓生型。

3. 半蔓生型

株型指数约为1.5，第一对侧枝近基部与主茎约成60℃，侧枝中上部向上直立生长，直立部分大于匍匐的部分，如普通型品种。其特点植株性状介于直立型与蔓生型之间。

直立型和半蔓生型一般合称丛生型，蔓生型也称匍匐型。

（四）按花生荚果和籽粒的形态、皮色等分为四类

1. 普通型

即通常所说的大花生。荚壳厚，脉纹平滑，荚果似茧状，无龙骨。籽粒多为椭圆形。普通型花生为我国主要栽培的品种。

2. 蜂腰型

荚壳很薄，脉纹显著，有龙骨，果荚内有籽粒三颗以上，间或有双粒的，籽粒种皮色暗淡，无光泽。

3. 多粒型

果荚内籽粒较多，呈串珠形。夹壳厚，脉纹平滑。籽粒种皮多红色，间或有白色。

4. 珍珠豆型

荚壳薄，荚果小，一般有两颗籽粒，出仁率高。籽粒饱满，多为蚕茧形，种皮多为白色。

二、花生生物形态特征

（一）根

花生是由主根、侧根和次生侧根组成的圆锥根系。侧根和次生侧根尖端有许多根毛，主根和侧根上有根瘤。主根是由胚根发育而来，成熟花生主根一般 40 ~ 50cm，最长可达 2m，根系主要分布在地下 30cm 左右的耕作层中，根上着生直径 1 ~ 3mm 的豇豆族根瘤菌；花生根系前期生长迅速，出苗时，主根长达 20cm，侧根多达 50 ~ 60 条；始花至成熟，主根伸长和侧根数目增加很少，主要转入次生增粗和二、三次侧根发育。春播花生种子萌发 10d 内会出现侧根，在幼苗出土时，在适宜的土壤条件下，主根长 20 ~ 30cm，一般情况下 10 ~ 15cm，侧根已经 40 多条；发芽 1 月后，主根长 50cm 左右，侧根已有 100 ~ 150 条。

花生属于豆科作物，根部长有瘤状结构，称为根瘤。根瘤是由于土壤中一种叫根瘤菌（豇豆族根瘤菌）的细菌从根毛尖端侵入至根部内皮层，进行大量分裂繁殖，皮层细胞在根瘤菌分泌物的刺激下，引起不正常的强烈分裂，因而凸起膨大形成根瘤。

花生根瘤呈圆形，直径 1 ~ 1.5mm，多数着生在主根上部和靠近主根的侧根上，在下胚轴上亦能形成根瘤。根瘤菌具有一种特殊的固氮酶系统，能把空气中的分子氮转变为化合态氮，供花生吸收。根瘤菌的固氮能力与根瘤存在的部位和内含色素有关，主根上的根瘤较大，数目较少，内部含有红色汁液（豆血红蛋白），固氮能力较强；侧根上的根瘤较小，数目较多，内部汁液呈微绿色或淡褐色，固氮能力较弱。

花生种子萌发后，根瘤菌由幼根皮层侵入，当幼苗主茎生出 4 ~ 5 片真叶时，幼根上

便生出肉眼可见的圆形瘤状体。幼苗期的根瘤菌与花生是寄生关系，基本不能共生固氮。始花前，根瘤数量少，瘤体小，固氮能力很弱，不但不能为植株提供氮素，而且要吸收植株中的氮素和碳水化合物来维持根瘤菌自身的生长和繁殖，此时，根瘤菌与花生是寄生关系；花生开花后，除从植株中吸收必要的营养和水分外，能给花生植株提供氮素，此时根瘤菌与花生成为共生关系；开花盛期至结荚期是固氮供氮的高峰期，生育后期（饱果期）固氮能力衰减很快，根瘤破裂，根瘤菌重新回到土壤中。

影响根系生长的因素：①土壤结构。根瘤菌是好气性细菌，通透性好的土壤利于根系伸展、结瘤和固氮。②温度。适宜的温度 18℃ ~ 30℃，最适宜温度 25℃。③水分。以土壤持水量 60% ~ 70% 为宜。④ pH 值。适宜的 pH 值为 5.2 ~ 7.2 的环境。⑤营养。苗期施氮肥过量，会抑制根瘤菌的形成与固氮，土壤有机质丰富和适施 N、P、K、Ca、Mo 等促进根系生长、根瘤形成和固氮作用。

（二）茎与分枝

花生主茎是由胚芽发育而成，是位于植株中央的一个枝条。主茎直立、高矮与品种和栽培条件有关。主茎上共有 15 ~ 20 个节间，基部节间较短，中上部较长，主茎上着生叶片，叶腋间生出分枝，主茎上有白色绒毛。龙生型品种茸毛密集而短，多粒型品种茸毛多为稀而长。一般认为茎上茸毛多的品种较耐旱。花生茎一般为绿色，老熟后变为褐色。有些品种茎上含有花青素，茎呈现部分红色。许多多粒型和龙生型品种茎呈现深浅不等的红色。

侧枝：当主茎上长有 2 ~ 3 片真叶时，着生在子叶叶腋内的两个侧芽发育成长为第一对侧枝，呈对生。主茎上长有 5 ~ 7 片叶时，第一叶和第二叶的叶腋中的侧芽分别发育成第三、第四两个侧枝，这两个侧枝互生，但由于节间很短，近似对生，所以称为第二对侧枝。

主茎直接分出的分枝称为第一分枝或称一级分枝，从第一次分枝上分生的为第二次分枝，以此类推。密枝亚种有 3 次、4 次分枝，甚至 5 次分枝，分枝数一般在 10 条以上；疏枝亚种一般没有 3 次以上分枝，分枝数 5 ~ 6 条至 10 条左右。夏播花生的分枝数一般少于春播花生。花生根据第一次分枝上的花序分布情况可分为以下两类。

1. 交替分枝型（交替开花型）

花序和分枝互相交替出现，在分枝上第一、二节是营养节，只长分枝；第三、四节为生殖节，着生花序；第五、六节又为营养节……有的每隔 3 个出现。

2. 连续分枝型（连续开花型）

花序与分枝连续出现，分枝上每一节都可着生花序，有时亦可长分枝。一般此类型的荚果主要集中在第一、第二对侧枝的基部几个节上。花生结果数的 80% 以上都集中在第一、第二对侧枝及它们的分枝上，其中第一对侧枝占 60% 以上。因此，促进第一、第二对侧枝生长对提高花生产量有重要意义。

（三）叶

花生的叶分为不完全叶和完全叶（真叶）两种。每一条分枝的第一节或第一、第二甚至第三节着生的叶是鳞叶，属不完全叶。两片子叶可视为主茎基部的两片鳞叶。花生的真叶为 4 小叶偶数羽状复叶（由托叶、叶枕、叶柄、叶轴和小叶片组成），小叶数偶尔也有多于或少于 4 片的畸形叶。小叶片的叶分为椭圆、长椭圆、倒卵和宽倒卵形四种，叶片颜色分为黄绿、淡绿、绿、深绿和暗绿等。小叶片的大小、形状和颜色品种间差异很大，是鉴别品种的重要依据之一。同一植株上部与下部叶片形状也不一样，应以中部叶片为准。

花生叶片解剖结构的特点是在下表皮和海绵组织之间有一层大型薄壁细胞，无叶绿体，可占叶片厚度的 1/3 左右，常被称为贮水细胞。

花生的叶片除光合作用和蒸腾作用外，还有吸收作用和感夜作用。花生每一真叶相对的四片小叶、叶柄和小叶的基部都有叶枕，可以感受光线的刺激，夜间或光强减弱时，由于叶枕细胞内光敏色素的作用，使叶枕细胞膨压降低，引起叶身下垂，致使小叶两片叠合；白天或光强增强时，细胞膨压增加，叶片重新开张。这种昼开夜合的现象称为叶片的“感夜运动”。花生叶片也具有明显的“向阳运动”，即在晴天条件下，叶片一日内随太阳辐射角的变化不断发生变化，其正面尽可能向阳，使叶片的空间分布更有利于接受阳光。夏季中午烈日直射时，顶部叶片又上举竖立，以避免过强的阳光照射。

花生具有无限生长习性，一生展开叶很多。疏枝型品种一生可展开 100 多片叶，其出叶速度在荚果形成前较快，荚果形成后逐渐变慢。大体从出苗到始荚（或田间封垄），叶面积呈指数增长，始荚初期增长速度最快，以后逐渐变慢，但叶面积仍继续增长至饱果出现。此后，由于基部落叶显著增加，落叶速度超过叶片的展开速度，叶面积日益下降。

（四）花

花生的花器是由苞叶、花萼、花冠、雄蕊和雌蕊组成。花为蝶形花，花的基部最外层为一长桃形的外苞叶，其内为一片二叉状的内苞叶。花萼下部联合成一个细长的花萼管，上部为 5 枚萼片，其中 4 枚联合，1 枚分离。萼片呈浅绿色、深绿或紫绿，花萼管多呈黄绿色，枝有茸毛。花冠由外向内由 1 片旗瓣、2 片翼瓣和 2 片龙骨瓣组成，橙黄色。雄蕊 10 枚，其中 2 枚退化，8 枚有花药。雌蕊 1 个，单心皮，子房上位，子房位于花萼管的底部。花柱细长，穿过花萼管和雄蕊管，与花药会合。子房一室，内有数个胚珠。子房基部有子房柄，在开花受精后，其分生延长区的细胞，迅速分裂使子房柄伸长，将子房推入土壤中。

花生是一年生草本植物，从播种到开花只用一个月左右，而花期却长达2个多月。花生的花因着生植株不同部位的生态条件不同而结构有异，分为以下三种类型。

1. 正常花：多着生在植株中下部枝条近主茎的节上，能够正常开花授粉受精，果针入土早，荚果发育时间较充分，大都能饱果成熟。

2. 不孕花：多位于植株和分枝的端部，花器发育有缺陷或生育条件（营养、温度、湿度）不适，子房柄机能受阻。

3. 地下花（闭花）：多位于植株第一对侧枝的基部节上，常为泥土掩埋，具有短而弯曲的花萼管，小而关闭的淡黄色或白色花冠，一般能受精结实。

花生开花授粉后，子房基部子房柄的分生组织细胞迅速分裂，使子房柄不断伸长，从枯萎的花萼管内长出一条果针（子房柄连同其先端的子房合称果针，其具有向地生长习性），果针迅速纵向伸长，开始略呈水平，不久就弯曲向地生长。在延伸过程中，子房柄表皮细胞木质化，保护幼嫩的果针入土。子房柄迅速伸长期间和入土初期，原胚暂时停止分裂，果针入土达一定深度时，子房柄停止伸长，原胚恢复分裂，子房开始膨大变白，并以腹缝向上横卧发育成荚果，子房体表生出密密的茸毛，可以直接吸收水分和各种无机盐等，供自己生长发育所需。花生荚果的发育需要黑暗环境、机械刺激、水分、氧气、温度、结果层的矿质营养等因子。在同一子房内，位于前端胚的发育，慢于位于基部的胚，并且有许多败育，这是形成单室果的重要原因。靠近子房柄的第一颗种子首先形成，相继形成第二、第三颗。表皮逐渐皱缩，荚果逐渐成熟。珍珠型品种入土较浅，一般3～5cm，普通型品种入土4～8cm，龙生型有的品种入土可达7～10cm。在沙土地上入土较深，黏性土上入土较浅。

影响果针形成的因素主要有：花器发育不良；开花时气温过高或过低，果针形成的适宜温度为25℃～30℃。开花时空气湿度过低，空气相对湿度小于50%时，成针率较低。另外，种植密度提高时，成针率下降。果针能否入土，主要取决于果针的穿透能力、土壤阻力以及果针着生部位的高低。果针的穿透力与果针长度和果针的软硬有关。果针离地愈高，果针愈长、愈软，入土能力愈弱。土壤的阻力与土壤干湿度和土壤坚实度有很大的关系，保持土壤湿润、疏松，有利于果针的入土。

荚果本身也有一定的吸收功能，其发育所需要的钙质，都由荚果直接从土壤中吸收。果针入土的难易与花在植株上着生的位置有关。开花部位过高，或因茎枝过于纤弱，遇风雨时易变动位置，因而影响果针向地的角度，入土较难。匍匐型花生的果针由于距离土面近，角度适宜，入土结荚率最高。直立或丛生型花生如茎枝节间短，近主茎基部多分枝且能连续开花的，才有较高的入土结荚率。

地上开花，地下结果是花生所固有的一种遗传特性，也是对特殊环境长期适应的结果。花生结果时，喜黑暗、湿润和机械刺激的生态环境，这些因素已成为荚果生长发育必不可少的条件。

花生的果实须在黑暗中慢慢形成，如果子房柄因土面板结而不能入土，子房就在土上枯萎。为此，落花生要栽植在沙壤土里，并须及时进行中耕，多次进行培土，以便它的果实在黑暗中形成。

（五）荚果

花生果实属于荚果。果壳坚硬，成熟时不开裂，多数荚果具有两室，亦有三室以上者。各室间无横隔，有或深或浅的缩缢，称蜂腰果。果壳具纵横网纹，前端突出略似鸟嘴，称果嘴。花生果形具体可分为普通形、斧头形、葫芦形、蜂腰形、茧形、曲棍形、串珠形。同一品种的荚果，由于形成先后、着生部位不同等原因，其成熟度及果重变化很大。通常在栽培上以随机样品的平均每千克数表示全株荚果的平均重量，其变异很大，主要取决于荚果的成熟情况；而以某品种饱满荚果的百果重（g）表示品种正常发育的典型荚果大小。百果重主要是品种特征，但也受环境条件影响。每个荚果有 2 ~ 6 粒果仁，以 2 粒居多，每荚 3 粒以上果仁的荚果多呈曲棍形或串珠形，百粒重一般 50 ~ 200g。

三、花生各生育期及其特点

花生是一种开花期和结实期很长的并且可以无限开花结实的农作物。

花生开花、下针和结果是一直连续不断地交错进行的。因此，和其他作物比较，花生生育时期的划分就存在一定困难。但通常一般将花生的生命周期分为种子发芽出苗期、幼苗期、开花下针期、结荚期、饱果成熟期等五个生育时期。

（一）发芽出苗期

从播种到出苗 12 ~ 15d。此期间是以长根为主，如果是珍珠豆型、多粒型品种花生，温度至少要保持在 12℃以上；而普通型和龙生型品种则要保持在 15℃以上。花生种子在 25℃ ~ 27℃发芽速度最快，并且发芽率也是最高的，是花生种子发芽的最适温度。当温度过高或过低均会导致花生种子发芽时间延长。花生种子发芽要求湿度为土壤田间持水量达到 60% ~ 70% 为适宜。花生种子至少须吸收相当于种子风干重的 40% ~ 60% 的水分才能开始萌动，从发芽到出苗时约须吸收相当于种子自身重量 4 倍的水分，同时还要求土壤中含有足够的氧气，以满足发芽时的呼吸需要。

（二）幼苗期

从出苗到开花 20 ~ 30d。这一时期最适宜于茎枝的分生发展和叶片增长的气温为 20℃ ~ 22℃。平均气温超过 25℃，可使苗期缩短，使茎枝徒长，基节拉长，不利于蹲苗。平均气温低于 19℃，茎枝分生缓慢，花芽分化慢，始花期推迟，形成“小老苗”。花生幼苗期植株需水量最少，约占全期总量的 3.4%。这时最适宜的土壤含水量为田间最大持水量的 45% ~ 55%。低于最大持水量的 35%，新叶不展现，花芽分化受抑制，始花期推迟；高于最大持水量的 65%，易引起茎枝徒长，基节拉长，根系发育慢、扎得浅，不利于花器官的形成。在花生幼苗期每日最适日照时数为 8 ~ 10h。日照时数多于 10h，茎枝徒长，花期推迟；少于 6h，茎枝生长迟缓，花期提前。花生要求光照强度变幅较大，最适光照强度为 5.1 万 lx/m^2，小于 1.02 万 lx/m^2 或大于 8.2 万 lx/m^2 都影响叶片光合效率。

幼苗期主要表征：

1. 主要结果枝已经形成。

2. 有效花芽大量分化。

3. 根系和根瘤形成。

4. 营养生长为主，氮代谢旺盛，光合作用率达顶峰。

这一时期生物固氮能力弱，要确保氮素供应。

（三）开花下针期

开花下针期是花生形成产量的关键时期，是指从一半以上的植株开花到一半的植株出现鸡头状幼果的期间。这一时期应喷施叶面肥，在管理上要做到促控结合，力争花多针齐，为花生丰收打下基础。同时要保证足够的养分供应，适时培土迎针，防旱排涝，适时控制徒长及病虫害的防治。

开花下针期主要表征：

1. 营养器官的生长仍处于指数增长期，还未达到植株干物质积累的最盛期。

2. 叶片数迅速增加，叶面积迅速增长。

3. 根系在继续伸长，同时主侧根上大量的有效根瘤形成，固氮能力不断增强。

4. 开花数可占总量的 50% ~ 60%，形成的果针数可达总数的 30% ~ 50%。

此时营养生长和生殖生长并进，花生殖株大量开花下针，营养体迅速生长，春播品种 25 ~ 35d，夏播品种 15 ~ 20d。该时期对水分、光照和温度的反应敏感，应注意对光、温、水的调节。同时开花下针期需要大量的营养，对氮、磷、钾的吸收占总量的 23% ~ 33%，根瘤大量形成，能为花生提供越来越多的氮素。这一时期主要使花生多开花、多坐果，提高花生产量。

（四）结荚期

从 50% 的植株出现鸡头状幼果到 50% 植株出现饱果为结荚期。

结荚期主要表征：

1. 花生营养生长和生殖生长并盛期。

2. 叶面积系数、群体光合和强度及干物质积累量均达到一生中的最高峰。

3. 是花生荚果形成的重要时期，是决定荚果数量的时期。

4. 结荚初期是根瘤固氮与供氮的盛期。

这一时期大批果针入土发育成荚果，营养生长也同时达到最盛期，所形成的果数一般可占最后总果数的 60% ~ 70%，果重亦开始显著增长，增长量可达最后果重的 30% ~ 40%，甚至有时可达到 50% 以上。结荚期是花生整个周期中生长的最盛期，要适时补充磷、钾、钙肥。此时期所吸收的肥料亦达到最高峰，故此期对温度、水分、光照、养分的要求极高，所以必须加强田间管理。此期间主要是对花生茎叶旺长的田块进行控旺，促进茎叶的养分向根部转移，使果大、果饱。

（五）饱果成熟期

50% 植株出现饱果到大多数荚果饱满成熟，这时为饱果成熟期。主茎保留 4 ~ 6 片真叶，根瘤停止固氮，老化破裂回到土壤中。

荚果迅速增重，不同栽培条件下出现以下三种情况。

1. 营养生长衰退过早、过快，干物质积累少，荚果增重不大。

2. 营养生长不见下降，干物质积累不少，但向荚果运转得较少，果重增长不快。

3. 营养生长缓慢衰退，保持较多的叶片和较强的生理功能，又能有较多的干物质运转给荚果。

这一阶段田间管理的重点与结荚期基本相同，同时要防止花生植株提前衰老，遇涝及时排水。注意及时收获，防止烂果。

这一时期营养生长逐渐衰退停止，荚果快速增重，是花生生殖生长为主的一个时期，是荚果产量形成的主要时期。这个时期在栽培上要注意喷肥保顶叶，防治叶斑病，保茎叶，使花生不早衰，活秆收获，同时要防止烂果，及时收获。

其主要特点：

1. 营养生长逐渐衰退，生殖生长为主。

2. 根系吸收能力下降，固氮逐渐停止。

3. 叶片逐渐变黄衰老脱落，叶面积迅速减少。

4. 果真数、总果数基本不再增加，饱果数和果重则大量增加。

第二节 花生生产耕整地机械化技术

一、耕整地机械化技术

（一）土壤选择

花生的适应性强，有耐旱、耐瘠薄等特点，土坡地、山岗、丘陵等都可以种植花生。除过于黏重的土壤外，一般质地土壤都可以种植花生。

花生最适宜的土壤是肥力较高的沙壤土。沙壤土介于沙质土和黏土之间。这种土壤自身有一定的肥力，又有一定的保水保肥能力，土质疏松，排水、通气好，水、肥、气、热状况比较协调，养分供应平稳，有利于花生根系的生长，结瘤多，荚果发育好，果壳光洁、果形大。

花生不耐盐碱，在盐碱地就是发芽也易死苗，成长植株矮小，产量低。盐碱地不宜种植花生。

花生适宜微偏酸性的土壤，pH 值 6.5 ~ 7.5 为宜。试验得知，花生喜钙，钙肥能调节土壤酸碱度，促进花生根系生长，防止花生早衰，改善花生的营养状况，并促进氮代谢，减少空壳，提高饱果率。

花生对土壤的养分要求为：有机质 0.5% ~ 2% 之间，超过 2% 花生荚果容易受到污染，降低品质。全氮 0.5 ~ 0.8g/kg，速效磷 14 ~ 40mg/kg，速效钾 40 ~ 90mg/kg。但为了增加产量、提高品质，还要合理施肥。

花生栽培要选择土层深厚、排水良好、保肥保水能力较强、通气性较好的沙质壤土，这样有利于种子呼吸、根瘤菌的固氮，为荚果生长提供较大的膨大空间，且要适宜机械化作业。

（二）合理耕作，提升耕地质量

大力推广深松深翻技术，加厚活土层，改善土壤结构，提高土壤蓄水保肥能力。要精耕细作，提高耕地质量，为机械播种打好基础。要大力推广水肥一体化技术，及早修整好排灌设施，进一步提高水肥利用率，并做好防旱防涝准备。

1. 深松深耕翻，创造良好的土壤结构

深浅轮耕，重视深耕，2 ~ 3 年深耕一次。俗话说，深耕多一寸，抵上一层粪，适时深耕翻，可加厚活土层，为花生生长发育提供适宜土壤条件。深耕翻时间在冬前，深耕前施足底肥，耕后不耙，让其冷冻晒垡、风化，这样可杀死病菌、虫卵，增加熟土层，保水保肥。最迟不晚于第二年清明前，深松可以在播前进行。冬前对土壤深耕或深松，早春顶凌耙耕，或早春化冻后耕地，随耕随耙耢，耕地要深浅轮耕。深耕对于旱薄地应用大型拖拉机配套的单铧深耕犁在冬前深耕，耕深为 40 ~ 50cm，深的可到 60cm，也可用普通深耕犁进行，耕深为 30 ~ 40cm。浅耕的深度 15 ~ 20cm。深耕耙地要结合施肥培肥土壤，熟化耕作层，提高土壤保水保肥能力，促进根系发育，增强土壤抗旱、耐涝能力。要积极示范推广松翻轮耕技术，松翻隔年进行，先松后耕，深松 25cm 以上，深翻 30cm 左右，以打破犁底层，增加活土层。对于土层较浅的地块，可逐年增加耕层深度。

2. 精细整地，打好机械播种基础

4 月中下旬温度适宜，早春化冻后，结合施底肥对越冬田进行旋耕整地、晒垡。在冬耕基础上，播前采用旋耕机或驱动耙或深松联合作业机械精细整地，保证土壤表层疏松细碎、平整沉实、上虚下实。整地时，要随耕随耙耢，并彻底清除残留在土内的农作物秸秆和根茬，保证播种时不架种、不挂草。

夏直播花生要在小麦收获后，及时整地，施足基肥。根据土壤养分丰缺情况，适当增加钙肥和硼、锌、铁等微量元素肥料的施用。肥料类型应速效和长、缓效肥料相结合。小麦收获后，将上述肥料撒施在地表，然后耕翻 25cm 以上，再用旋耕犁旋打 1 ~ 2 遍，或采用灭茬旋耕机械整地，将麦茬打碎，尽量减少表层 10cm 土层内的麦茬，整地做到土壤细碎无根茬、肥匀墒足。大蒜、洋葱、土豆等收获后可旋耕整地，也可不旋耕直接播种。

3. 平衡施肥

（1）需肥规律

花生苗期需肥量很小，不到总量的 10%，但为氮、磷、钾肥的需肥临界期。此时如缺肥就会阻碍壮苗早发和根瘤的形成。早熟花生的开花下针期或晚熟花生的结荚期是氮、磷、钾肥的吸肥高峰期，吸肥量占总量的 60% 左右。而饱果成熟期吸肥量只占总量 10% 左右。

花生吸收氮、磷、钾的比例为 3 ∶ 0.4 ∶ 1。但花生靠根瘤菌供氮可达 2/3 ~ 4/5。实际上要求施氮水平不高，突出了花生嗜钾、钙的营养特性。另外，花生对镁、硫和钼、硼、锰、铁等也要求迫切，反应敏感。

（2）施肥原则

重施有机肥和生物肥，控制氮肥总量，氮肥分次施用，调整N、P、K比例，严格掌握施肥时期，增施钙肥，肥料的施用应与化控技术相结合。施肥量的多少要根据地力和对产量水平的要求而定。

①施足基肥

由于花生生长前期根瘤数量少，固氮能力弱，中后期果针已入土，不宜施肥，因此，花生施足基肥很重要。基肥包括底肥和种肥。花生基肥应以有机肥料为主，化学肥料为辅。在播种前，结合耕地每亩施有机肥2 000～3 000kg，45%复合肥50kg，硼肥1～2kg。花生播种时，用根瘤菌剂拌种可增加有效根瘤菌。也可用0.2%～0.3%钼酸铵或0.01%～0.1%硼酸水溶液拌种或浸种，可补充花生所需的微量元素。

②合理追肥

花生在施足基肥的基础上，一般不须追肥，特别是覆膜的花生也不方便追肥。对于地力差、基肥不足、没有覆膜的地块，可视苗情，在花针期适当追肥，一般亩追施45%三元复合肥10～15kg，结合中耕培土施入。

③根外施肥

根外施肥主要是叶面喷施，它是根部施肥的一种补充。在花生结荚期、饱果期脱肥又不能进行追肥的情况下，可用0.2%磷酸二氢钾、0.2%的尿素进行叶面喷施1～2次，可起到保根、保叶，提高结实率和饱果率的作用。

（3）施肥量确定

在测土配方的基础上，根据花生产量指标，按100kg荚果约需纯氮5.5kg、五氧化二磷1kg、氧化钾3kg，计算各种肥料的施用量。施用复合肥或专用缓释或控释肥时应按照上述氮磷钾总量科学计算。选择缓释肥或控释肥时，要仔细阅读肥料袋上的说明书，注意其控氮量及肥效施放时间。

（4）施肥方法

科学施用化肥，提高肥料利用效率。高产地块用肥较多，要采取集中和分散相结合的施肥方法，即耕地前撒施全部有机肥、磷钾肥和2/3的缓控释氮肥，耙地前铺施剩余1/3的速效氮肥和其他肥料（钙肥等），机播地块可将部分化肥用播种机施肥器施在垄中间。起垄播种地块，可结合起垄将2/3缓控释肥（种肥）包施在两个播种行下方10～15cm处，剩余1/3种肥施在垄中间，做到深施、匀施，控释氮肥控氮60%，并含有土壤缺少的微量元素。中低产地块，可结合播种做种肥集中施用，但要种肥隔离，防止烧种。钙肥要与有机肥配合施用，防止过量施钙引起不良后果。生物肥、微肥的具体施用数量和方法要严格按照产品使用说明书进行，特别是用于浸种、拌种的肥，不要超过推荐用量，以免影响正常出苗。

酸性土壤可增施石灰、钙镁磷肥等含钙肥料，预防花生空壳，石灰在开花下针期撒施在花生结荚区，钙镁磷肥宜在播种时先条施在播种沟内再播种；连作土壤可增施石灰氮、生物菌肥；肥力较低的砾质砂土、粗沙壤土和生茬地，增施花生根瘤菌肥，增强根瘤固氮能力；花生高产田增施深施生物钾肥，促进土壤钾有效释放。可通过施用有机肥、生物肥料，减少化肥用量，控制重金属污染以及亚硝酸盐积累。

注意保护土壤、水源和灌溉设施，保护生态环境，促进花生生产可持续发展。通过土壤检测，配方施肥，避免肥料污染。氯元素过量会抑制种子发芽和根瘤菌固氮，加重土壤酸化，对钙的流失也有一定影响。花生少用氯基化肥，不推荐使用含氯量超过 2% 的肥料，不推荐使用沼渣肥料。

大力推广水肥一体化技术，提高水肥利用率。

二、耕整地机械的选用

花生生产可使用通用的大田耕整地机械，常用的主要有翻转犁、深松机、深松联合作业机、旋耕机、驱动耙、圆盘耙等机具（国外还有土壤筛选起垄机械）。

根据整地要求（是否深翻、深松、旋耕等）选择合适的机具，尽量与现有的动力配备。

第三节 花生播种机械化技术

一、花生栽培模式

花生适宜的栽培模式应充分利用光能、地力，便于机械化作业和田间管理。花生种植方式有露地栽培和地膜覆盖栽培两种。露地栽培是传统的常规种植方法，地膜覆盖是进行高产栽培的新技术，技术性较强。两种栽培方式根据整地方法又分为以下常见的六种种植方式。

（一）平作

即平地开沟（或开穴）播种，行距大小可调，便于安排，不受起垄限制。其优点是利于抗旱保墒，减少起垄工序，省时省工，易于密植，但排灌不便，昼夜温差小。

平作是北方和南方旱薄地花生产区常用的一种种植方法。在无灌溉条件，土壤肥力低的旱地或山坡地，土壤保水性差，水分容易流失，花生不易封行，采用平作和密植，有利于抗旱保墒、争取全苗；在地多劳力少的情况下可以减少整地工作量。

（二）垄作

起垄播种可改变土壤的团粒结构，对提高地温和昼夜温差有利，可促进有机物的转化和积累，利于田间通风透光，同时排灌也较方便，能防止积水烂果；在丘陵地起垄还可相应加厚土层，扩大根系吸收范围，有利于荚果的发育。其缺点是易跑墒，密度亦受限制。

花生垄作还可以分单行单垄、大垄双行种植方式。

1. 单行单垄

一般垄距40～50cm，垄高10～12cm。等行距种植，单垄垄距还有55～60cm、48～50cm、37～40cm等，垄上种植1行花生。该模式主要为东北花生区种植模式，配套播种机械与收获机械规格不统一，机械化收获效率较低。

2. 大垄双行

地膜覆盖栽培全部采用大垄双行，露地栽培也可大垄双行。

窄行距：对于半喂入式花生联合收获的，不超过280mm。收获时，机器轮胎行走在1和3垄沟内，收获2和3之间的两行花生。

（三）高畦种植

我国南方广西、广东、福建、湖南等省区春季雨水充足、雨量较多，易受涝害，尤其是水稻、花生轮作田，更容易积水，多采取开沟作畦，作成抗旱防涝、排灌自如的高畦；北方的鲁南和苏北地区，在土层浅、易涝的丘陵旱地，也有高畦种植的习惯。

（四）麦套花生

麦套花生旨在提高复种指数、充分利用地力和光合资源的栽培方式。麦套花生在全国各地有不同的模式和种植规格，但其综合增效机理是较麦茬夏直播花生提早了播种期，发挥了麦田肥料的后效，在北方地区还发挥了一水两用的作用。

麦套花生在我国的河北、河南、山东等主要产麦区常年种植面积在500万～700万亩，其中河南麦套花生种植面积较大，达250万～300万亩。这种种植方式适于各冬小麦产区，尤其适于人多地少或无霜期较短的花生生产区大力推广，但机械化作业受到一定的限制。

麦套花生模式下小麦宜选用早熟、矮秆、不易倒伏的高产优质品种，花生则应选用熟性较早、植株紧凑、耐阴性强的高产品种。一般在小麦收获前25～30d播种为宜，花生苗与小麦的共生期控制在15～20d。

小麦正常宽幅播种，行距 26 ~ 28cm，于小麦收获前 15 ~ 20d 行套种花生，穴距与行距基本一致。这种方法适用于高肥水地块，是黄淮海平原地区发展小麦、花生两熟的主要方式。

1. 大沟麦套种

可覆盖地膜。适于中上等肥力，以花生为主，或晚茬麦等条件。

2. 小沟麦套种

小麦秋播前起高 7 ~ 10cm 的小垄，沟宽 13 ~ 16cm，内播小麦 2 行或 1 行宽幅。麦收前 20 ~ 25d 垄顶播种一行花生。

（五）夏直播花生

夏花生生育期间（6 月中旬至 10 月上旬）的积温都在 2 800℃以上，能够满足夏直播覆膜花生对热量的需求。

麦后夏直播花生要在前茬作物收获后抢时灭茬整地，尽早播种，沙性较大的土壤，也可以采用铁茬播种，出苗后再进行灭茬。一般 6 月上、中旬播种，10 月上旬收获，全生育期 100 ~ 110d。夏花生播种模式包括：

1. 夏花生免膜栽培模式

夏花生免膜播种机械化生产技术作为绿色农机化技术之一，是有效减少地膜污染、充分利用小麦和花生秸秆、提高花生品质的重要措施，是实现产业结构调整的重要手段。夏花生免膜栽培主推“小麦联合收获（秸秆切碎均匀抛撒）—机械化灭茬—旋耕起垄机械化播种—镇压”机械化播种模式。

2. 麦茬全秸秆覆盖地花生免耕播种模式

将待播区地表上的秸秆粉碎，并捡拾收集，推送提升后向后端抛撒，趁秸秆未落下的空档破茬破土、苗床整理，并在地表无秸秆的“洁区”施肥播种，随后秸秆再均匀覆盖播后的地表。

通过抢时早播，保证花生有足够的饱果时间。

3. 耕翻整地起垄露栽模式

创造松暄的土壤结构，利于精量播种，便于排水防涝及田间管理。

4. 起垄覆膜栽培模式

能够保持松暄的土壤结构，改善土壤团粒结构，增加有效积温，利于培育壮苗，便于管理，提高群体质量，是高产高效栽培的主要途径。

麦套夏直播花生生育期较短，特别是夏直播花生，所用品种的生育期不易长，否则，不能正常成熟，会降低产量和品质。一般春播 130 ~ 145d 的品种，适宜做夏直播品种。夏直播露地栽培应选用春播生育期 100 ~ 110d 的中小果品种。

（六）玉米－花生条带间作种植模式

冬小麦、夏玉米、春花生两年三熟的粮油轮作制度，能够有效克服粮、粮，或油、油连作障碍，是一套土壤养分消耗互补、病虫危害减轻、生产成本降低、种地与养地相结合的粮油高产高效种植模式。花生玉米宽幅间作具有高产高效、共生固氮、资源利用率高、改良土壤环境、增强群体抗逆性、便于机械化生产等优点，能够充分利用空间和不同层次的光能，大幅提高土地、肥料等资源利用率，氮肥利用率可提高 10% 以上。近年试验示范表明，该项技术在粮食产区具有独特的技术优势，能够大幅度增加单位面积作物产量，显著增加粮油综合种植效益。大力发展花生玉米宽幅间作，可促进粮油均衡生产、增加农民收入。

栽培模式方面，高肥力地块适宜选幅宽 2.45m 的玉米比花生为 2 ∶ 4 模式，中肥力地块适宜选幅宽 3.15m 的玉米比花生为 3 ∶ 4 模式。玉米／花生播种可选用玉米／花生宽幅间作一体化播种机，实现“翻耕—玉米播种—花生播种”三位一体作业。

二、花生栽培株型配置方式

（一）等行距双粒穴播

一般每穴 2 粒，单株有效分枝、有效花的百分率高，前期田间布局合理，光合作用利用率较好，幼苗健壮，发展均衡，在生产上应用较普遍。但在高肥水的条件下，密度较大，则田间通风透光受阻较大，易造成下部郁闭，达不到高产。

（二）宽窄行单（双）粒直播

因株距配置方式不同，又可分为宽窄行单粒穴播、宽窄行双粒穴播。该方式由于宽窄行相间，操作比较便利，并可减轻操作时对植株和果针的损伤，同时也利于改善田间通风透光的条件，发挥边行优势的作用。但在密度较大、土壤肥力高的情况下，应注意宽窄行的行距不宜相差过大，否则会因小行过早封行而影响植株间的通风透光条件，造成植株生长发育不平衡。

三、花生种植轮作制度

冬小麦、夏花生、春花生两年三熟制能够有效克服粮、粮，或油、油连作障碍，是一套土壤养分消耗互补、病虫害减轻、生产成本降低、种地和养地相结合的粮油高产高效种植模式。能实现规模化种植、区域化轮作，提高春花生田的产出能力。

发展夏直播花生是提高复种指数，增加综合种植效益，扩大花生种植面积的有效途径。在耕地质量较好、具有灌溉条件的春花生产区种植夏直播花生。还可积极探索油、菜轮作模式，利用马铃薯等优质茬口，发展夏直播花生，提高综合效益。

四、花生机械化播种技术要点

（一）品种选择

花生要高产，良种是基础。无论是购买种子或自留种子，都要选择品种纯度高、果壳白净、没有霉变的优质良种，不要选择果壳发黄变黑、带有病斑的荚果作种；选用麦套、夏花生留种，比春播花生种子出苗快而齐、产量高；选择高产优质、抗病性强、产量潜力高的大花生品种，目前主要有花育 22 号、花育 25 号、鲁花 11 号、山花 9 号、潍花 8 号等。

中等以上地力田块，春播花生或春播地膜覆盖花生宜选择生育期 125d 左右的优质专用型中大果型品种，瘠薄地或连作地宜选择生育期 125d 左右的优质专用型小果型品种。

在选择品种时，要针对当地主要自然灾害和生物灾害，选择相应的抗性品种，特别是青枯病发生地区要选用高抗青枯病品种（如中花 21、中花 6 号、泉花 551、粤油 40 等）；烂果病易发地区可选用耐病性较强的品种（如中花 6 号、桂花 1026、远杂 9102、山花 9 号、航花 2 号等）。机械化生产程度高的产区，应选择成熟一致性好、果柄韧性较强、适宜机械化收获的品种（如远杂 9102、豫花 37、冀花 11、冀花 16、花育 33、中花 16、中花 21 等）。

麦后直播花生宜选用早熟、中小果品种，生育期一般在 110d 以内，如远杂 9102、远杂 9307、远杂 9847、豫花 22 号、豫花 23 号、豫花 37 号、冀花 9 号、冀花 10 号、冀花 11 号、冀花 18 号等。麦后覆膜花生宜选用中早熟、中大果品种，生育期一般在 120d 以内，如豫花 9327、豫花 15 号、豫花 9326、花育 25 号、花育 36 号等。麦垄套种花生宜选用中早熟、中大果品种，生育期一般在 125d 以内，如豫花 15 号、豫花 9326、开农 176、开农 1715、冀花 6 号、冀花 13 号、冀花 16 号、花育 31 号、花育 36 号等。

一般花生种植 3 年更换一次品种。实际种植过程中根据土壤条件调换。沙壤土与黏土、丘陵地与平原地调换。

实际生产中，宜选择株型直立性好、结果比较集中、抗倒伏能力强、果柄强度大、适收期长、适宜机械化收获的花生品种。

示范推广高油酸花生。油酸可减低人体低密度胆固醇，预防心脑血管疾病；高油酸花生的棕榈酸只有普通花生的一半，更有利于人体健康；高油酸可提高花生及花生油的抗氧化能力和烹调品质，降低有害物质的产生；高油酸花生还可提高加工产品品质和种子的储藏性能，有效地延长货架寿命。示范推广高油酸花生的新品种有利于消费者健康和加工、出口等企业的增效，有利于农民增收，是未来花生生产和消费的根本方向之一。目前高油酸花生新品种在山东试验表现较好的有冀花 13、花育 951、开农 176 等大花生品种，冀花 18、花育 52、冀花 11 等小花生品种。

（二）种子处理

要定期更换新品种，增强种植活力，防止种性退化、霉捂带菌。要搞好种子精选，做到种子饱满、均匀、活力强，发芽率≥ 90%，做好药剂拌种。

1. 带壳晒种，适时剥壳

花生种子宜在播种前 10d 左右剥壳，剥壳前可带壳晒种 2 ~ 3d。剥壳后要剔出霉变、破损、发芽的种子，并按种子籽粒大小分级保存，防止吸潮影响发芽率。

种用花生一定要以荚果存储过冬，剥壳越晚越好，最好在临近播种前再剥壳。因剥壳后花生种子受温度影响较大，一般播种前 10d 剥壳，规模大的话最多不超过 15d。

剥壳前带壳晒种 2 ~ 3d，注意不能直接晒果仁，以免种衣变脆爆裂，晒伤种子或“返油”，降低发芽率。带壳晒种可提高种子温度，提高水解酶活性和呼吸作用，有利于种子内物质的转化，从而促进种子早萌发出苗；使种子更加干燥，增加种皮的透性，提高种子的渗透压，增强吸水性；杀灭部分病菌，减少病害的危害。

2. 种子精选

精选种子，提高种子质量。种子饱满、均匀、活力强是种子质量的三项指标。其中，精选出均匀一致、活力较强的种子是提高种子质量的关键。剥壳后须对果仁分级粒选，剔除破碎、霉变、掉皮粒的种子，按大、中、小将种仁分为一、二、三级，籽粒大而饱满的为一级，不足一级重量 2/3 的为三级，介于一级和三级之间的为二级。分级的同时剔除与所用品种不符合的杂色种子，种子大小要均匀一致，发芽率≥ 90%，纯度达到≥ 98%，做到一、二级种子分别播种。

选用籽粒饱满、粒色纯正、形状整齐的一、二级果仁作种子，播种时先播一级种子，一级种子播完后再用二级种子。

3. 种子拌（浸）种或包衣

播种前已剥壳的种子要妥善保存，防止吸潮影响发芽率。为提高出苗质量，确保苗匀、苗齐、苗壮，对病虫害重发地块选择高效低毒药剂，根据生产需要分别进行药剂、根瘤菌、微肥等产品的拌(浸)种，达到防病、固氮、补充养分等目的。拌种后，要晾干种皮后再播种。

用种子量2%的40%多菌灵或40%的甲基异硫磷进行拌种可控制蛴螬、金针虫、蝼蛄等地下害虫。每亩种子用70%噻虫嗪20～30g或60%吡虫啉30mL+2.5%咯菌腈20～30mL拌种，可防治播种期地下害虫、地上蚜虫及根（茎）腐病。

4. 种子机械化加工

在搞好良种繁育和提纯复壮的基础上，建立种子加工体系，推进良种工厂化生产加工，加大精选包衣的花生种子（籽仁）供给，提高种子生产效率和质量，尽快解决分散选（晒）果、剥壳、选种存在的费工和种子质量不高等问题。

（三）地膜覆盖与地膜选择

地膜覆盖是春花生节水高产的关键技术措施，可增温、保墒、保持良好的土壤结构。地膜首选诱导期适宜、展铺性好、降解物无公害的降解地膜，禁用聚氯乙烯地膜。

花生地膜覆盖优先选用0.01mm标准地膜和全生物可降解地膜。厚度超过0.02mm，果针就难以穿透薄膜，影响入土结果。薄膜的颜色，当前主要有黑色、银色、透明、多色相间等种类，以透明膜效果为好。宽度850～900mm，要求断裂伸长率（纵/横）100%，伸展性好，以利于机械化覆膜及机械化回收，优先选用环境友好型的地膜。

选用合适的除草剂。花生覆膜后由于垄面不能中耕，所以花生覆膜前必须喷施除草剂。目前生产上应用较多的有禾耐斯、都尔、乙草胺和甲草胺等。

地膜类型：

常规聚乙烯地膜：厚度0.01mm，宽度90cm左右。

降解膜：光解膜、淀粉膜、微生物降解膜、草纤维膜，消除白色污染。

有色膜：黑色膜、绿色膜、多色相间膜等，抑制杂草生长。

液体膜：降解液体地膜以农作物秸秆为原料，消除白色污染。

（四）适期适墒播种

应适期播种，确保生长发育和季节进程同步，收获期尽量避开雨季。一般5cm土层地温连续5d达到15℃时即可进行大花生播种；连续5d达到12℃时即可进行小花生播种；连续5d达到19℃时即可进行高油酸花生播种。高油酸花生与普通花生相比产量偏低，正常年份每亩一般偏低50～75kg。

胶东半岛适宜播期为5月1日至5月15日；鲁中、鲁西地区为4月25日至5月15日。

单粒播较双粒播可提前 2 ～ 3d 播种。

夏直播花生在前茬作物收获后，要抢时早播，越早越好，力争 6 月 15 日前播完，最迟不能晚于 6 月 20 日。宜采用机械起垄免膜栽培模式。

若是旱地抢墒播种不能早于 4 月 25 日。

坚持足墒播种，播种时土壤水分以田间最大持水量的 60% ～ 70% 为宜。耕作层土壤手握能成团、手搓较松散时，最有利于花生种子的萌发和出苗；适期内抢墒播种，如果墒情不足，要及时造墒或灌水造墒播种，确保适宜的土壤墒情。

播种时可同时喷施除草剂防除田间杂草，要选用 72% 异丙甲草胺乳油（亩用量 100mL）。

（五）播种密度

要采用合理种植方式，适当增加密度，为高产奠定基础。在一定区域内，提倡标准化作业，耕作模式、种植规格、机具作业幅宽、作业机具的配置等应尽量规范一致。在高产地块，采用单粒精播方式，适当降低密度。根据品种特性和土壤肥力状况，一般春播大花生亩播 9 000 ～ 10 000 墩，垄距 80 ～ 85cm，垄面宽 50 ～ 55cm，大垄双行，行距 28 ～ 30cm（若采用半喂入式花生联合收获机收获，垄上小行距应小于 28cm），墩距 14 ～ 16cm；小花生品种墩距 13 ～ 15cm，每亩 10 000 ～ 11 000 墩；采用单粒精播的高产地块，要根据品种特性和土壤肥力状况，亩播 13 000 ～ 15 000 墩，垄距 80 ～ 85cm，垄面宽 50 ～ 55cm，垄上播 2 行，行距 28 ～ 30cm（若采用半喂入式花生联合收获机收获，垄上小行距应小于 28cm），株距 10 ～ 12cm。

夏直播花生应适当加大种植密度，依靠群体提高花生产量，双粒播种时，种植密度为每亩 12 000 ～ 13 000 穴，单粒精播每亩 16 000 ～ 18 000 穴。

麦垄套种花生适宜播期在麦收前 15 ～ 20d，播种密度为每亩 10 000 穴左右，每穴 2 粒。

花生边缘至垄边缘要留出至少 10cm，以利于下针结果。

（六）播种深度

要根据墒情、土质、气温灵活掌握。土质黏、墒情好的土壤，可适当浅些；沙质土、墒情差的土壤，可适当深些；春花生种植地区要进行地膜覆盖，可以适当早播，提高花生产量。

播种时，浅播覆土，引升子叶节出膜，促进侧枝早发健壮生长，是培育壮苗的关键环节，也是减少基本苗的基础。一般机械播种深度 2 ～ 3cm。播后覆膜镇压，播种行上方膜上覆土 3 ~ 4cm，确保下胚轴长度适宜，子叶节出土（膜）（AnM 栽培法的应用）；播种时覆土不好的地块，要用小型田园管理机重新覆土一次；未采用机械化膜上覆土播种的，播种深度要控制在 3 ~ 5cm。

播种过深（超过 6cm）易引起出苗时间延长形成弱苗，或遇低温烂籽；播种过浅，覆土厚度不足 3cm，种子易落干；保水能力差，通气性好的沙土应适当深播（5cm 左右）；通气性较差的黏重土应在 3cm 为宜。播种深度的确定还应考虑整地质量，土壤细碎、覆土严密的地块应适当浅播，土壤湿度大的也应浅些。播种要深浅一致，达到出苗整齐，培育壮苗。

（七）轮作倒茬

适宜与花生倒茬的作物是小麦、玉米等禾本科作物，也可与薯类作物、杂粮作物，以及蔬菜、西瓜等轮作倒茬。

五、花生机械播种操作技术要点

（一）播前准备

地块平整，无杂草，墒度适宜，施足底肥；播种前要求对种子进行筛选均匀，种子清洁无杂物，饱满均匀，无破损，无瘪籽，干燥，以免影响播种质量；选好地膜，膜卷不要装得太紧，转动时略涩即可；肥料加入肥料箱前要清除杂物、无板结；膜卷装入挂膜架上，要调整膜辊转动阻力适宜；润滑播种机轴承，检查调整转动部件，保持转动灵活，检查紧固部分和穴播器，将花生分级，分别放入种箱。

（二）机具作业前调整

要使花生播种铺膜机达到理想的作业效果，必须使各个工作部位调整适当，比如播种深度、行距、株距、施药量、施肥量、起垄高度、地膜的横向和纵向拉紧程度、覆土量等，要结合当地的农艺要求和产品使用说明书认真调整。

1. 播深的调整。播深根据当地土壤类型和墒情确定，一般为 3 ~ 5cm，通过改变拖拉机悬挂丝杠长度来调整。

2. 行距的调整。根据农艺作业要求，将播种机排种器的定位装置两边同时移动，一般为 28cm 左右。株距的调整，根据农艺作业要求和种子尺寸，更换排种盘，一般为 12 ~ 15cm。

3. 按要求兑好药液，倒入药液筒，向筒内充气使气压达到规定值，更换药液时应先拧松筒盖放气，放完气后再打开盖加药；按除草剂说明书要求加入除草剂，将药筒加满水，拧紧桶盖，打开进气开关向桶内充气。将化肥装入肥箱，调整施肥量，肥料加入肥料箱前要清除杂物、无板结。

4. 起垄高度和宽度的调整。松开机架上固定起垄铲的装置，上下左右移动铲子。一般垄高，垄宽在 85cm 左右，同时注意左右铲要对称。

5. 驱动轮与地面应保持一定压力，压紧力可通过调整地轮压簧的压缩长度来调整。驱动轮前方的刮土板，与地轮之间的间隙不可调得过大。

6. 开沟入土深度的调节。将地角开沟器立杆与机架连接处卡板螺栓松开，上下调整，两地角深度平衡后，调到合适位置，再拧紧螺母。

7. 播种量的调节。播种量的调节是靠地轮轴与种轴不同齿轮配合完成的，应根据实际需要使地轮轴配合种轴不同齿轮，穴距调小时与齿少的种轴齿轮配合，调大时与齿多的种轴齿轮配合。

8. 地膜覆盖后，压膜轮压好边膜，覆土器进行覆土压膜，滚笼出土口应与播种行相适应。

9. 将整机与拖拉机三点悬挂连接。挂接时，拖拉机中央拉杆要置于长孔内，使播种机在作业时处于牵引状态。要调整好中央拉杆、左右吊杆，使播种机主梁纵向和横向都处在水平位置，保证播种机挂接后准确可靠起落。将地膜纸筒装入椎体支架内，调整支架的固定螺栓，使地膜中心位置与起垄装置中心位置重合。

（三）播种作业操作

1. 做好机具试播

正式作业前，要试播一个作业行程，检查行株距、播种施肥深度、覆膜覆土情况等各项指标是否达到要求，检查播种量、施肥量是否适宜，有无漏种、漏肥现象。对没有达标的部件要重新进行调整，使各项性能指标均符合播种作业质量要求后，方可投入正式播种作业。

2. 划分作业区

根据地块情况划分作业小区，划出机组地头起落线，做出标志。小区宽度为播幅的整数倍，地头宽度为播种机工作幅宽的 2 ~ 4 倍。

3. 规范播种作业

播种作业时，机组要对准、对正作业位置，落下起落架，直到地轮可靠着地，将膜头拉出 0.5m 左右用土压住、压紧，起步前打开药液开关。注意起步、起落应缓慢，遇有转弯、掉头及转移地块时，须将播种机缓慢提升到离地面一定高度，防止工作部件与地面碰撞。机械作业时应保持直线、匀速前进，作业中不得拐弯，不得倒退，以保证播种和覆膜质量。地头转弯时应降低速度，在画好的地头线处及时起升和降落，还应留足地头用膜长度以备人工补种和铺膜之用。

4. 随时检查作业质量

播种时应随时观察开沟、播种、施肥、覆土等装置的工作情况，检查开沟器、覆土器是否缠草和壅土，开沟深度是否一致，下种下肥是否均匀，种子覆盖是否良好。发现开沟器、覆土器缠绕过多时，必须停车清理，严禁作业中用手清理。种箱内种子接近种箱容量的 1/5 时，应及时加种。

5. 地头补种

机械播种完毕后，要在地两头进行人工补种。人工补种要严格按照农艺要求，完成起垄、施肥、播种、喷药、覆膜、镇压、覆土等工序，确保播种质量。

第四节 花生生产田间管理机械化技术

一、撤土放苗

当花生子叶节升至膜时，及时将播种行上方的覆土摊至株行两侧，宽度约 10cm、厚度约 1cm，余下的土撤至垄沟。覆土不足造成花生幼苗不能自动破膜出土的，要人工破膜释放幼苗，破膜放苗要在上午 9 时以前或下午 4 时以后进行，并尽量减少膜孔，膜孔上方盖好湿土，做到保温、保湿和避光，以便引苗出土。

二、查苗补苗

花生出苗后，立即查苗。缺苗较轻的地方，在花生 2 ~ 3 叶期带土移栽。移栽时间最好选在傍晚或阴天进行，栽后浇水。缺苗较大的地方，及时选用原品种催芽补种。

三、清棵蹲苗

花生要及时放苗清枝。膜上覆土的，当子叶节升至膜面时，及时将播种行上方的覆土摊至株行两侧，余下的土撤至垄沟。膜上未覆土的幼苗不能自动破膜出土，要人工破膜放苗，尽量减小膜孔。

花生清棵又叫清棵蹲苗，是根据花生子叶不易出土和半出土的特性，在花生齐苗后进行第一次中耕时，用小锄在花生幼苗周围将土向四周扒开，形成一个“小土窝”，使两片子叶和第一对侧枝露出土面，接受阳光，以利于第一对侧枝健壮生长，使幼苗生长健壮，达到高产的目的。这时要注意不要伤害到根部，等到清棵之后，过了 15 天左右，再把土给埋回去。

（一）花生清棵蹲苗的依据

花生播种时，种子首先吸水膨胀，内部养分代谢活动增强，胚根随即突破种皮露出嫩白的根尖，叫种子“露白”。当胚根向下延伸到 1cm 左右时，胚轴便迅速向上伸长，将子叶和胚芽推向地表，叫“顶土”。随着胚芽增长，种皮破裂，子叶张开。当主茎伸长并有 2 片真叶展开时叫“出苗”。花生出苗，2 片子叶一般不完全出土。因为种子顶土时，阳光从缝间照射到子叶节上，打破了黑暗条件，分生组织细胞就停止分裂增生，胚轴不能继续伸长，子叶不能被推出地面。在播种浅，温度、水分适宜的条件下，子叶可露出地面一部分。所以，花生是子叶半出土作物。这是花生栽培上“清棵蹲苗”的依据之一。

花生结果主要依靠第一、第二对侧枝。第一对侧枝结果数占全株结果数的 60% ~ 70%，第二对侧枝结果数占全株结果数的 20% ~ 30%，而主茎和其他侧枝结果很少，因此，在栽培上促使第一、第二对侧枝健壮发育十分重要。由于花生第一对侧枝着生在子叶节上，而花生出苗时子叶不出土或半出土，因此子叶节分枝开始生长时往往被埋在土中，生长不健壮，直接影响花芽分化和开花结果。在花生出苗后及时清棵，可使子叶节分枝露出土面，提早接受阳光的照射而健壮生长。实践证明，清棵后的植株主茎和侧枝基部节间短，茎枝粗壮，开花结果多。

（二）花生清棵的作用

1. 可促进幼苗第一、第二对分枝健壮生长，节间短壮，二次分枝早生快发。在花生出苗后及时清棵，可使子叶叶腋间的茎枝基部露出地面，提早接受阳光照射，改变花生基部湿、冷的小气候，茎枝不仅早生快发，而且生长健壮，起到了蹲苗作用。

2. 可促使有效花芽及早分化，为花多针齐和果多果饱打下基础。由于清棵蹲苗的花生茎枝生长健壮，二次分枝早生快发，相对使花芽分化早而集中，开花下针多而齐，结实率和饱果率增高。

3. 可促进根系生长，增强抗旱耐涝能力。清棵可使主根深扎，侧根增多，根系发达，从而增强植株的抗旱吸水能力。

4. 可减少幼苗周围的护根草危害。花生清棵可提前把基部周围的护根小草随扒土清除，能有效地减少生育中期草荒，这也是增产的一个重要因素。

5. 可减轻蚜虫危害。花生清棵后，已将埋伏子叶节的土清除，改变了植株基部的小气候，不利于蚜虫的繁殖。同时第一对侧枝基部因清棵蹲苗组织老化，不利于蚜虫刺吸为害，因此清棵后花生的茎枝基部蚜虫显著减少。

（三）花生清棵蹲苗技术

1. 清棵时间

正确掌握清棵时间是实现清棵增产的关键环节。清棵过早，幼苗太小，扒出土后对外界环境的抵抗能力弱，叶片易出现晒伤，并使表层土过干，影响幼根伸展；清棵过晚，第一对侧枝基部埋在土中的时间长，侧枝细弱，基部节间伸长，影响清棵效果。因此，清棵要求齐苗后立即进行，最好按照播种出苗顺序，齐苗一块清一块，充分发挥清棵的增产效果。

2. 清棵深度

平作花生，在齐苗后及时大锄深锄头遍地，随即再用小手锄后退着把幼苗周围的土扒向四边，使两片子叶露出来；起垄种的可先用大锄深锄垄沟，浅刮垄背，破除垄面板结层后，再用小锄清棵。清棵的深度以 2 片子叶露出土面为宜，不要过深或过浅，浅了则子叶不露土，第一对侧枝和茎基节仍埋在土里，起不到清棵作用；深了则把子叶节以下的胚颈（下胚轴）扒出来，易造成苗株倒伏，不利于正常生育。另外，清棵时不要损伤和碰掉子叶，不论播种深、浅，都要清棵。

3. 蹲苗时间

花生清棵后经过一段蹲苗时间，幼苗才能健壮生育，二次分枝才能早生快发。一般在清棵后 15 ~ 20d，花生茎枝基部节间已由紫变绿，二次分枝已分生时，再进行第二次中耕较为适宜。

苗基本出齐时进行。先拔除苗周杂草，然后把土扒开，使两片子叶和子叶叶腋间的侧芽露出地面，以利于第一对侧枝的发育，使幼苗生长健壮，起到蹲苗的作用。实践证明，花生清棵有显著的增产效应，根据各地的试验对比结果，增产幅度可达 7% ~ 20%。注意不要伤根。清棵后经半个月左右再填土埋窝。

（四）花生植保机械化技术

1. 花生主要虫害

花生的害虫及螨类达 130 多种，但能造成较大经济损失的有 10 余种，以地下害虫（蛴螬）为主，其次地上害虫如花生蚜、棉铃虫等。

（1）地下害虫

主要有蛴螬、金针虫、地老虎等，其中发生最普遍且最难防治的是蛴螬。药剂拌种对地下害虫能起到很好的防治效果。

蛴螬的成虫是金龟子，是花生上的主要害虫。成虫食性杂，有群集性、假死性、趋光性，昼伏夜出。其防治措施如下：

①做好预测预报工作。调查和掌握成虫发生盛期，采取措施，及时防治。

②农业防治。合理轮作，冬季耕翻土地，合理施肥，不使用未腐熟有机肥料，以防止招引成虫来产卵，种植蓖麻驱避。虫害严重的地区，秋冬翻地可把越冬幼虫翻到地表使其风干、冻死或被天敌捕食，机械杀伤，防效明显。

在蛴螬发生区，播种时，每 $50m^2$ 范围种植 1 ~ 2 棵蓖麻；在花生田周围种植豇豆等蜜源植物，有利于蛴螬天敌土蜂的保护利用；结合花生收获，捡拾蛴螬或金龟子，降低虫口密度，减轻翌年危害。

③物理防治。黑光灯诱捕、糖醋液诱捕、毒枝诱捕。花生开花期，正是金龟子取食和产卵的最活跃期，是防治金龟子的适宜时期，进行毒土撒施和灯光诱杀进行防治。

④生物防治。以虫治虫，采用白僵菌、绿僵菌、天敌（土蜂）、信息素等。

⑤化学防治。乐斯本、辛硫磷等拌种、灌根、撒毒土、喷雾，抓住孵化盛期和幼虫一二龄期防治是提高防治效果的关键。

⑥拌种处理。用 60% 优拌种衣悬浮剂 30mL 混 20% 康宽悬浮剂 10mL，拌种处理，1 亩地种子约 15kg，或用毒死蜱等种子处理剂拌种。药剂灌墩，用毒死蜱、辛硫磷等微胶囊剂灌墩，每亩用水量 100 ~ 120L。

金针虫成虫是叩头虫，主要是沟金针虫，杂食性，危害种子、幼苗和幼芽。2 ~ 3 年发生 1 代，以成虫和幼虫在土中 20 ~ 80cm 处越冬，幼虫孵化后一直在土内活动取食。以春季为害最严重，秋季相对较轻。

（2）地上害虫

为害花生的地上害虫有蚜虫、蓟马、红蜘蛛等刺、锉吸式口器害虫，和棉铃虫等食叶性害虫。

1）蚜虫和蓟马等刺、锉吸式口器害虫

尤其是以花生蚜虫危害最重，不仅能直接吸食花生汁液影响生长，更重要的是传播病毒病，导致大量小果和畸形果产生，造成大幅度减产和质量下降。

危害特征：花生蚜多群集在心叶及幼嫩的叶背面、嫩茎和幼芽为害，开花后为害花萼管、果针，吸食汁液。受害植株生长矮小、叶片卷缩，影响开花、结果。蚜虫排出大量“蜜露”，而引起霉菌寄生，严重时茎叶变黑，重者可造成植株枯死。

花生蚜一年发生20～30代，主要以无翅胎生雌蚜和若蚜在背风向的山坡、地堰、沟边、路旁的荠菜等十字花科及地丁等宿根性豆科杂草或豌豆上越冬，少量以卵越冬。翌年早春在越冬寄主上大量繁殖，后产生有翅蚜，向麦田内的荠菜、槐树及春豌豆等豆科寄主上迁飞，形成第一次迁飞高峰。而后，花生幼苗期迁入花生田，于花生开花前期和开花期，条件适宜，蚜量急增，形成为害高峰。当盛夏雨季来临，蚜虫又迁往阴凉的乔木、灌木混栽场所或高低作物间作田的寄主上生存为害，秋季气温转低，迁回到越冬寄主上。花生蚜的繁殖和危害与温、湿度有密切关系，平均温度10℃～24℃最适宜其发生，低于15℃或高于25℃对其发育有抑制作用。在适温范围内，相对湿度在50%～80%，有利其繁殖。湿度低于40%或高于85%，持续7～8天，蚜量则急剧下降。遇暴雨，对蚜虫有冲杀作用。另外，天敌如瓢虫类、草蛉、食蚜蝇、蚜茧蜂类，对其发生量有抑制作用。

在花生蚜发生期调查花生田，先查早熟品种，后查其他地块。以五点取样，每点查10～20墩。当蚜墩率达30%～40%，100墩蚜量1 000头时即应进行防治。

其主要防治措施为如下：

①农业防治：加强田间管理；适时播种，合理密植，防止田间郁闭；适时灌溉，防止田间过干过湿；合理邻作（豌豆）。

②物理防治：黄板诱杀（测报）。

③生物防治：花生蚜的天敌种类较多，如瓢虫、食蚜蝇、草蛉等，尤以瓢虫对蚜量影响较大。当捕食性天敌与花生蚜之比为1:（100～150）时可缓治，保护天敌控制蚜害。

④化学防治：每亩用10%吡虫啉可湿性粉剂10～15g兑水30kg喷雾，或每亩用25%吡蚜酮悬浮剂24g兑水40kg喷雾。

对蚜虫的防治应在播种时施用长效内吸性杀虫药为主，使花生出苗后带毒生长，飞向花生田的有翅雌蚜不能存活繁殖。

2）棉铃虫、造桥虫等食叶害虫

花生食叶害虫有棉铃虫、造桥虫、夜蛾类害虫。主要为害叶片，造成缺刻、空洞，甚至食光。

棉铃虫生活习性为成虫白天栖息在叶背或隐蔽处，黄昏开始活动，吸取植物花蜜作为补充营养，飞翔能力强，有趋光性，产卵时有强烈的趋嫩性。棉铃虫以二、三代危害花生，以第三代危害最重。当百墩花生有低龄幼虫 30 头或卵 30 粒时，进行喷雾防治，同时可兼治大袋蛾、造桥虫等。其防治措施为：

①农业防治：冬耕、种植玉米诱集带诱杀等。

②物理防治：黑光灯诱捕、杨枝诱杀等。

③生物防治：释放赤眼蜂、使用性诱剂等。

④化学防治：高效氯氰菊酯等喷雾。

（3）危害主要时期及种类

①早期主要是金针虫、地老虎等危害。

②中后期以蛴螬危害为主。

③播种至出苗期：主要有花生蚜、地老虎及金针虫、大黑金龟甲的成虫、幼虫的危害。

④开花下针期、结荚期：蛴螬、花生蚜、棉铃虫等。

2. 花生主要病害

（1）茎腐病

多在主茎第一对侧枝处或根茎的中上部发病。初产生不规则状的褐色斑块，后变为褐色，并纵横向扩展，最后绕茎一周形成环行病斑。维管束变黑褐色，输导组织被破坏，地上部失水萎蔫枯死，故俗名“掐脖瘟”。在土壤潮湿时，病部表皮呈黑色软腐，后期病斑上着生小黑粒点，是病菌的分生孢子器。土壤干燥时，病部表皮呈琥珀色透明状，紧贴茎上，内部组织变褐干腐，茎部髓干缩。

茎腐病是由真菌（Diplodiasp）所引起的病害。分生孢子器着生于茎秆的病斑上，黑色，有乳头状突起的孔口，其内的分生孢子无色透明，椭圆形，初无分隔，成熟后有一横隔，暗褐色。

该病菌在土壤中的病残株和种子上越冬，是来年初侵染的主要来源。另外，粪肥也可传染。田间传染主要靠雨水径流、大风、农事操作等。病菌侵染最有利时期为苗期，其次为结果期，整个花期不利侵染。其发病高峰期为 6 月中下旬与 8 月上旬至 9 月上旬。发病的轻重与种子质量、栽培条件、气候有密切关系，使用霉捂种子，花生地连作，使用病肥，播种过早发病都重。气候条件，10d 之内在 5cm 处的地温稳定在 20℃ ~ 22℃时，田间即出现病株。

防治措施：

①农业防治：选用无病菌的种子和抗病品种，合理轮作，可与禾谷类作物轮作。

②种子处理：药剂浸种，每亩用满适金 20 ~ 40mL，或用种子量 0.5% 的 50% 多菌灵可湿性粉拌种。

③化学防治：可用50%的多菌灵可湿性粉剂、65%代森锌可湿性粉剂等，间隔7d喷一次，连续喷施 2 ~ 3 次；或 72% 克露可湿性粉剂 500 倍液，喷淋茎基部，一般可于基本齐苗后的发病初期喷一次，开花前再喷一次。

（2）根腐病

幼苗出土后即可发病。先在茎基部近土面处出现湿润状黄褐色斑，后变为黑褐色，地上部失水萎蔫，逐步枯死。地下部根皮变褐色，与髓部分离，主根粗短或细长，侧根很少，形似鼠尾状，近地面主茎上，常生出大量须根。严重时从表现症状至枯死仅需 2 天。始花期受害，植株矮小，黄化，叶片由下而上逐渐变黄干枯。根茎表面皱褶，由黄变褐，髓部呈淡褐色水渍状，后枯萎死亡。多数植株可延续到收获时不枯死。

花生根腐病菌主要在残留土壤中的病残体上越冬，靠来年的风力、农事操作携带病菌传播。整个生长期均可受害，以苗期最重。该病发生与土壤质地有密切关系。一般沙土地发病轻，黄黏土地发病重；土层深厚，透水性好的地块发病轻；大雨骤晴、降雨适中或降雨少发病也重；花生连作发病重。

防治办法：

①农业防治。深翻平整土地，增加活土层，提高土壤排水与蓄水能力；开沟排水，防止积水。严格选种，剔除变色、霉捂种子。轻病地实行两年轮作；重病地实行 3 ~ 5 年轮作，增施钙肥、生物有机肥，中耕培土，增强植株抗病能力。

②药剂处理种子。在精选种子后，进行晒种。每亩用满适金 20 ~ 40mL，或用种子重量 0.5% 的 50% 多菌灵可湿性粉拌种。

③发病初期，可用 46.1% 可杀得三千 1 500 倍或 40% 福星 6 000 倍混生根剂灌墩，或氟吡菌酰胺，或咯菌腈等药剂灌根，每隔 7d 喷 1 次，连续喷 2 ~ 3 次，可有效防治根腐病为害和向周围扩展。

（3）白绢病

白绢病主要为害茎基部，其次为果柄及荚果。受害初期，茎组织软腐，表皮脱落，叶片枯黄，在阳光下叶片闭合，在阴天还可张开。随病情发展使整株枯萎而死。在土壤潮湿时，病部生出白色丝，呈绢状覆盖病部，有时能覆盖地面，并点生成油菜籽状的菌核，初为白色，后呈黄土色，最后呈黑褐色。植株根茎部组织呈纤维状。

该病菌以菌核或菌丝在土壤中或病株残体上越冬，一般分布于 1 ~ 2cm 的表土层中。来年菌核或菌丝萌发，从植株的根茎基部的表皮或伤口侵入。病菌主要靠流水、昆虫扩大传播，种子也能带菌。高温、高湿，土壤黏重，排水不良，多雨年份发病重。特别是雨后立即转晴，病株可很快枯萎死亡。花生连作地发病重；春花生晚播和夏播花生发病轻。

防治方法：

①农业防治。精选良种，选择收获及时、晾晒良好的种子；提倡花生与水稻、小麦、玉米、甘薯等作物实行三年以上轮作；花生收获后及时进行翻耕，减少菌源；科学施肥，苗期清棵蹲苗，提高抗病力。

②种子处理。选用无霉变种子作种。每亩用满适金 20 ~ 40mL，或用种子量的 0.5% 的 50% 的多菌灵可湿性粉剂拌种。

③集中降雨初、中期两次（6 月中、7 月上旬），用 40% 福星乳油 7 500 倍喷布花生茎叶及地表。

在花生下针期，可用腐霉利、异菌脲隔 7 ~ 10d 喷 1 次，连续 3 ~ 4 次。或在结荚初期喷三唑酮、异菌脲等药剂。

（4）青枯病

从苗期至收获期均能发生，以花期发病最多。病株地上部初表现失水状，通常是在主茎顶梢第 2 叶片首先萎蔫或侧枝顶叶暗叶片自上而下急剧凋萎，叶色变淡，但仍保持绿色，故名“青枯”。植株地下部主根尖端变色软腐，纵切根茎部，初期维管束变浅褐色，后变黑褐色。在潮湿情况下，剖视茎部，常见有浑浊的乳白色细菌液，用手挤压可流出菌脓。自发病至枯死一般 7 ~ 15d，严重时 2 ~ 3d 可全株枯死。

青枯病是细菌引起的病害，该病的初侵染源主要是带菌土壤、病残体及粪肥。田间流水也是传染病的主要途径，其次人畜、农具及昆虫等也是传播媒介。病菌由植株伤口或自然孔口侵入，通过皮层组织侵入维管束，病菌迅速繁殖后堵塞导管，并分泌毒素，使病株丧失吸水能力而凋萎。病菌多在花生的花期侵入，以开花至初荚期发病最厉害，结荚后期发病较少。连作地病原积累多，连作时间越长发病越重。轮作田，特别是水旱轮作田发病轻。凡保水、保肥力差，有机质含量低的瘠薄土壤，或易板结的黏土、沙砾土等发病较重。高温多湿，时晴时雨，有利于病害发生。

防治方法：

①选用抗病品种。在重病区可选用协抗青、鲁抗青 1 号、狮油 15 等抗病品种。

②实行轮作。发病率 50% 以上时，应实行 5 ~ 6 年轮作；发病率 10% ~ 20% 的地块，实行 2 ~ 3 年轮作。可与非寄生作物如小麦轮作，有条件的实行水旱轮作，防病效果更好。

③搞好田间管理。增施钙肥、生物有机肥料，通过深耕、深翻、严整土地等改良旱坡地措施，提高土壤保水保肥力，并改善灌溉条件，及时开沟排水，高畦栽培，避免雨后积

水。发病时，及时拔除病株集中处理。

④化学防治。出苗后、团棵期各用46.1%可杀得三千水分散粒剂1 000倍液灌墩一次预防，或用25%铜氨合剂300倍药液灌墩，有较好的防治效果。

（5）病毒病

整个生育期都会发生病害。

1）花生病毒病的类型

①花生条纹病毒病。植株顶部嫩叶叶色浓淡相间斑驳，沿着侧脉现绿色条纹，植株稍矮化，叶片不明显变小。

②花生黄花叶病毒病。植株顶部嫩叶初期变现为褪绿黄斑，叶片卷曲，随后发展为黄绿相间的花叶、网状明脉等多种症状，病株中度矮化。

③花生矮化病毒病。病株矮小，长期萎缩不长，节间短，植株高度常为健株的1/3 ~ 2/3，单叶片变小而肥厚，叶色浓绿，结果少而小，似大豆粒，有的果壳开裂，露出紫红色的小籽仁，须根和根瘤明显稀少。

为病毒病害，该病毒寄生范围较广，主要传播介体为花生蚜（苜蓿蚜）、豆蚜、桃蚜。种子带病率也较高，小粒病种带毒率可达4% ~ 21%，不显症状的花生种也能带毒传病。该病的流行主要决定于传毒介体蚜虫的发生程度，初夏气温适于蚜虫的繁殖与迁飞，蚜虫发生重的年份，病害有重发生的可能。

2）防治方法

①精选籽粒。饱满的籽仁作种，严格剔除病劣、粒小和变色的籽仁，以减少田间的初侵染毒源。

②选用抗病品种。花28、花37等有较高的抗病力，可选用。白沙1016品种感病重，在重病区应逐步淘汰。

③及时防治传毒害虫，用吡虫啉、吡蚜酮、啶虫脒等药剂喷雾，或配合氨基寡糖素、克毒宝、盐酸吗琳胍酮等防治病毒药剂喷雾。发病初期可用三氯异氰尿酸或氨基寡糖素、吗胍·乙酸铜、香菇多糖等药剂间隔5 ~ 7d，连用2 ~ 3次。及时诱杀或药杀传毒虫媒（田间蚜虫），喷施吡虫啉、啶虫脒等药剂。

（6）锈病

花生锈病主要在叶片上发生，也能侵染叶柄、茎及果柄。叶片发病，首先出现针头大小淡黄色病斑，后逐渐扩大变为红褐色突起，表皮纵裂，露出红褐色粉状的夏孢子堆。孢子堆由淡黄色渐变黄褐色，最后呈褐色。病斑周围有一个不太明显的黄色晕圈。叶片上的病斑，背面多于正面。被害植株多先从底叶开始发病，逐渐向上蔓延，叶色变黄，最后干枯脱落，整株枯死。

锈病为真菌所引起的病害，夏孢子可借气流、风雨传播，在叶片具有水膜的条件下进行再侵染。夏孢子发芽温度为11℃～32℃，以25℃～28℃最适宜，花生生长期的温度都能满足病菌发芽。高湿，温差变化大，易引起病害的流行。氮肥过多、密度过大、通风透光不良能加重病害发生。春花生早播发病轻，迟播发病重；秋花生早播发病重，反之则轻。旱地花生和小畦种植的病害轻于水田和大畦花生。

在各个生育阶段都可发生，但以结荚期以后发生严重。主要侵染花生叶片，也可为害叶柄、托叶、茎秆、果柄和荚果。叶片染病初在叶片正面或背面出现针尖大小的淡黄色病斑，后扩大为淡红色突起斑，表皮破裂露出红褐色粉末状物。

防治措施：

①可因地制宜选用抗病品种。

②改进栽培管理。实行轮作，春、秋花生不宜连作，减少菌源。清除病残体。

③化学防治。可喷洒40%福星乳油6 000倍液，或20.67%万兴乳油1 500倍，或20%粉锈宁乳油1 000倍。每亩喷药液45kg，喷布要均匀，遇大雨后要重喷。

（7）叶斑病

花生叶斑病是世界范围内分布最广和危害最大的花生病害。受害花生光合作用降低，叶片较早脱落，严重影响饱果，一般减产10%～20%，发病重的地块减产达40%以上。

花生叶斑病主要有两种，即褐斑病和黑斑病。均可侵染叶片，也可侵害茎、叶柄和叶托。褐斑病发病初期，形成黄褐色和铁锈色针头大小的病斑，以后逐渐扩展成1～10mm大小不等的病斑，圆形，表面淡褐或暗黑，边缘有较明显的淡黄色晕圈，在老病斑上产生灰色霉状物。茎部、叶柄的病斑，长椭圆形，暗褐色，中间凹陷。黑斑病，病斑稍小，呈黑褐色，黄色晕圈较少或不明显，在叶背面的老病斑上着生小黑点，呈轮状排列。

两种病害均为真菌病害，两病原均可借菌丝座或菌丝在上表植株残体上或花生秧上越冬，为来年的初侵染源。分生孢子借气流传播，从花生气孔或表皮组织侵入，形成病斑，重复侵染。

这两种病遍及我国主要花生产区。多混合发生于同一植株的同一叶片上。轮作地发病轻，连作地发病重。重茬年限越长，发病越重，往往不到收获季节，叶片就提前脱落，这种早衰现象常被误认为是花生成熟的象征。

叶斑病的致病因素：降雨及湿度大；连作生产；蔓生型品种或半蔓生型品种较直立型品种易感病，花生生育前期发病少而轻，老叶及老龄器官发病多而重。

防治方法：

①农业防治。花生收获后，要清除田间病残体，并及时进行耕翻，将病残体翻入土中，加速腐烂，减少菌源；重病地块应实行与禾本科作物轮作；合理密植，缩小株距，增加行距，加强通风透光，降低湿度，加强田间管理，及时排水，提高抗病力。立蔓品种较蔓生型与半蔓生型品种抗病，可因地制宜地采用。

②化学防治。团棵期开始叶面喷洒 68.75% 易保水分散粒剂 1 200 倍 1 ~ 2 次。于发病初期，叶面喷洒 40% 福星乳油 6 000 倍液，或 20.67% 万兴乳油 1 500 倍，或 25% 百科可湿性粉剂 500 倍，43% 戊唑醇水乳剂 1 000 ~ 1 500 倍液等，有较好的防治效果。

（8）网斑病

发病初期，病斑先出现在植株基部的叶片上，逐步在上部叶片表现症状。侵染初期，菌丝体以菌索状存在于叶子表面蜡质层，呈白网状。以后侵染点随叶脉以放射状向外扩展，呈星芒状。病斑继续扩大，由白色逐步变褐色至黑褐色，形成边缘不清晰的网状斑。高温、高湿时可出现大块斑，直径可达 1 ~ 1.5cm。病斑背面在发病后期出现褐色斑痕，并于表皮下生黑色小突起。在温湿度降低时，叶表面出现白色至褐色菌丝状斑痕，有时可布满叶子表面，或形成黑褐色小斑。

网斑病是由真菌所引起的病害，该病菌随病残体于土壤中越冬，来年主要以分生孢子、厚垣孢子进行初侵染。当年产生的分生孢子为再侵染的主要菌体。病害发生与茬口、栽培方式、温湿度及降雨有较明显影响。重茬地发病重，覆膜田重于露栽田，垄种比平地种发病轻，麦套花生较夏直播发病也轻。在结荚期高温、高湿、多雨有利于病害流行发生，黑斑病发生略晚。

防治方法：

①选用抗病品种。抗病性的品种（系）有 P12、8217、群育 101 等。另外，鲁花 4 号、花 37、鲁花 10 号和鲁花 11 号抗病和丰产性也较好，可因地制宜地采用。

②改进栽培技术。轮作换茬，可与地瓜、玉米、大豆等作物轮作。清除病残体，减少菌源。深耕探翻，减少土壤表层菌原。增施肥料，提高抗病力。

③化学防治。

a. 于花生播种后 3 天内，用 25% 百科（双苯三唑醇）可湿性粉剂 500 倍、46.1% 可杀得三千水分散粒剂 1 000 倍液地面喷雾，封锁土壤中菌源，减少初侵染。上述药剂可与甲草胺除草剂混配喷洒，兼除杂草。团棵期叶面喷洒 68.75% 易保水分散粒剂 1 200 倍液。

b. 于发病初期，叶面喷洒 40% 福星乳油 6 000 倍液，或 20.67% 万兴乳油 1 500 倍，或 25% 百科可湿性粉剂 500 倍，每 10 ～ 14d 喷一次，共喷 2 ～ 3 次。

3. 花生病虫害综合防治机械化技术

花生病虫害种类繁多，发生广泛，为经济有效地控制病虫害的危害，必须实施综合防治。花生虫害防治的基本策略是以农业防治为基础，充分利用天敌控制害虫，因时、因地、因害虫种类制宜，合理运用农艺、物理、生物、化学防治措施，尽可能创造有利于花生生长发育和天敌生物繁殖，而不利于害虫发生的环境条件，有效控制虫害。

根据花生病虫越冬基数，结合气象条件及历年资料分析，预计花生病虫害总体发生程度，切实搞好工作。

（1）搞好田间管理，建立绿色防控制度

优先采用农业、物理和生物措施，建立减少农药使用量制度，减轻农药对环境造成的污染。通过生物、物理和化学防治相结合，综合防治蛴螬和线虫为主的地下害虫；实施健康栽培，采用高效低毒新产品技术组合，防治花生病害。

①农业防控措施

选用高产优质良种，提高抗病性，播种前剔除发霉、小粒种子，提高发芽率、生长势；清洁田园，合理轮作换茬，花生收获后清除病虫残体，在田外进行销毁，能有效降低病虫越冬基数；有轮作条件的应与禾本科作物、瓜菜轮作，有效减轻病虫危害。

②物理防治措施

采用物理诱杀方法，控制病虫害。有条件的可使用频振式杀虫灯诱杀害虫、性诱剂诱杀害虫和诱虫板诱杀害虫等物理诱杀技术，达到既能有效控制害虫为害，又能减少化学农药使用量的目的。采用物理诱杀方法要集中连片、连续使用，才能很好地控制虫口数量。

a. 杀虫灯。安装太阳能频振式杀虫灯，按照 1 盏灯控制 40 ～ 50 亩的规模，有效诱杀蛴螬、棉铃虫、甜菜夜蛾等成虫。

b. 生物食诱剂。按照 1 ∶ 1 比例兑水稀释，进行条带撒施，每点用药 80 ～ 100mL，在花生、玉米上部叶片滴洒约 10m 长，点与点间距 50 ～ 60m，每点辐射面积 4 ～ 5 亩，有效诱杀棉铃虫、地老虎、玉米螟、黏虫等成虫，在成虫高峰期效果更佳。

c. 性诱剂。对棉铃虫、甜菜夜蛾等主要害虫成虫，每亩分别悬挂棉铃虫性诱捕器 1 套、甜菜夜蛾性诱捕器 1 套，性诱剂具有专一性。

d. 黏虫黄板。主要诱杀蚜虫、蓟马等小型飞虫，按照每亩 10 ～ 15 块的规模在田间悬挂。

③生物防控措施

要采用白僵菌、绿僵菌等生物制剂防治花生蛴螬，贝特制剂、核多角体病毒制剂防治棉铃虫，阿维菌素制剂防治花生叶螨、蚜虫等。

（2）化学防治

化学防治根据植保部门的预测预报，选择适宜的药剂和施药时间。在植保机具选择上，可采用机动（电动）弥雾机、喷杆式喷雾机、农业航空植保机等机具。机械化植保作业应符合喷雾机（器）作业质量、喷雾器安全施药技术规范等方面的要求。

若选用植保无人机，要选用适合超低量喷雾的药剂，特别是在花生生长的后期，尽量降低飞行高度，降低飞行速度，提高雾滴的穿透和附着能力，选用的药剂为内吸式药剂。

（五）中耕培土迎针

中耕培土，增温、防涝、耐旱、抗倒伏、缩短果针与地面的距离，使果针易入土，扩增结实层，是解决滑针、高位果针入土困难的关键措施。中耕培土要在盛花期间花生封垄前进行，做到沟清、土暄、垄腰胖、垄顶凹，为花生果针入土创造疏松的土壤环境，减少空针率，确保临界果针转化为有效果针，增加单株结果数。中耕培土采用中耕培土机或田园管理机。

（六）节水灌溉

花生每生产 1kg 干物质，约需水分 450kg。花生需水趋势为“幼苗期少，开花下针和结荚期多，荚果成熟期少”，花针期处于花生生育中期，是需水最敏感的时期。大粒花生耗水量占全生育期总耗水量的 48.2% ~ 59.1%，每公顷昼夜耗水量达 60m³ 左右；珍珠型中小粒花生耗水量 52.1% ~ 61.4%，每公顷昼夜耗水量为 18 ~ 30m³。

各阶段耕作层适宜的土壤水分如下：

播种至出苗阶段：土壤相对含水量 60% ~ 70%。

齐苗至始花阶段：土壤相对含水量 50% ~ 60%。

盛花期：土壤相对含水量 70% 左右。

饱果期：土壤相对含水量 50% ~ 60%。

足墒播种的春花生和夏花生，幼苗期一般不需要浇水；生育中期（花针期和结荚期）是需水量最多的时期，当植物叶片中午前后出现萎蔫时，应及时灌溉（沟灌、喷灌、滴灌）。一般情况下，当 5cm 土壤水分低于 6%、20cm 土壤水分低于 10% 时，应立即进行灌溉。但是，土壤水分超过田间最大持水量的 80% 时，土壤间隙被水分所充斥，土壤通透性差，根系呼吸受阻，地上部分生长趋缓。若遇大风天气，极易发生根茎倒伏现象，易拔出或埋压花针和荚果，对产量提高造成严重的影响。收获前 4 ~ 6 周遭遇严重干旱，是主要的黄曲霉侵染因子，生育后期（饱果期）遇旱应及时小水轻浇润垄，防止植株早衰及黄曲霉病菌感染繁殖。灌水不宜在高温时段进行或过量导致田间积水，否则容易引起烂果，也不宜用低温井水直接灌溉。降雨较多的地区应做到三沟通畅，防止渍害。

花生节水灌溉可采用沟灌、喷灌和滴灌。

（七）化学药剂控旺调节

在盛花后期至结荚前期，株高超过35cm，有徒长趋势的地块，可用花生超生宝或多效唑或烯效唑或壮饱安进行叶面喷施，防止徒长和倒伏，确保合理的群体结构，提高群体光合能力和物质积累能力。喷施时，要严格按照调节剂使用说明书施用，于上午10点前或下午3点后进行叶面喷施。喷施过少，不能起到控旺作用，喷施过多，会使植株叶片早衰而减产。

改一次化控为系统化控。当花生株高35cm以上（一般花生封垄前）时应用化控技术，可喷施壮饱安、新丰果宝或新丰1号等花生专用调节剂。喷雾时，没有必要喷施花生植株的全部，只喷施花生顶部生长点即可。喷施时间最好在下午4点以后，有利于吸收，提高药效。另一方面，为防止脱肥早衰，要及时叶面喷肥补充养料。后期化控调节在地面植保机械无法进入的情况下，可选择背负式弥雾机或植保无人机作业。

如采用半喂入花生联合收获，还应确保花生秧蔓到收获期保持直立。

（八）防止早衰，促进饱果

喷施叶面肥。花生生长后期，荚果逐步形成，对养分的需求较大，此时根系吸收能力减弱，须及时喷洒叶面肥补充养分，有效地提高花生植株的光合效率，增加干物质含量，使植株个体发育良好，可促进花生荚多荚大粒饱，增产增收，改善荚果质量，防止脱肥早衰。一般选用0.2%～0.3%磷酸二氢钾溶液（或2%～3%过磷酸钙浸出液）加0.5%～1%的尿素液，或其他富含N、P、K及多微量元素的叶面肥，进行叶面喷施。

要浇好饱果水，保持土壤湿润，养根防止植株早衰，增加饱果，提高果重。阴雨天气较多时注意防涝排水和防治锈病、叶斑病。

第五节 花生收获机械化技术

一、机械化收获农艺条件

（一）土壤条件

土壤为沙土、沙壤土最为适宜机械化收获，黏重土不适宜机械化收获。

土壤含水率在10% ~ 18%，手搓土壤较松散时，适合花生机械化收获作业。土壤湿度大、易下陷的地块不适宜花生机械化收获作业；含水率过低且土壤板结时，可适度小水灌溉补墒，调节土壤含水率后机械化收获；花生收获前4 ~ 6周如遇严重干旱，应及时灌水，控制黄曲霉毒素感染。

（二）收获期

花生收获期应根据花生生育情况与气候条件来确定。一般当花生植株表现衰老，顶端停止生长，上部叶和茎秆变黄，基部和中部叶片脱落，单株饱果指数80% ~ 90%，荚果果壳硬化，网纹清晰，种皮变薄，种仁呈现品种特征时即可收获。日平均气温低于15℃，花生饱果指数虽未达标，也应立即安排收获。收获期要避开雨季，收获后应尽快晾晒或烘干干燥，使荚果含水量降到10%以下。注意控制贮藏条件，防治贮藏害虫的危害，防止黄曲霉毒素污染的发生。若采用机械化收获，收获过晚，掉果率较大。

二、花生收获机的类型

我国花生收获经历了手拔、镢刨、犁耕和机械化收获四个阶段。

花生收获时间紧，人工收获劳动强度大、耗时多。花生收获的过程包括挖掘、分离泥土、铺条晾晒、捡拾摘果和分离清选等作业。近几年在花生产业发展的带动下，花生收获机械化得到了较快的发展。花生收获机是花生收获时使用机具的统称，按功能分类主要有花生挖掘犁、花生收获（挖掘）机（无序放铺）、花生条铺收获机（有序放铺）、花生复收机（已停止研发生产）、半喂入式花生联合收获机、秧果兼收型花生联合收获机、花生捡拾收获机、花生摘果机、花生脱粒机等。

（一）花生挖掘犁

花生挖掘犁也叫花生挖掘铲，多为拖拉机悬挂或畜力牵引式的双翼铲或对称配置的两个单翼铲。作业时，将埋在深约10cm以内的主根切断，并使花生沿铲面升出地面铺放成条。铲后面焊接有纵向排列的栅条，以便漏出泥土。铺条的花生由人工捡拾收集、机械摘果。

花生挖掘犁结构简单、功能较为单一，不能满足花生收获过程中多环节机械化作业要求。

（二）花生收获（挖掘）机

我国花生收获机的研制是从20世纪60年代开始的，是在从美国引进的花生挖掘机的基础上发展而来的。目前已有多种类型问世，如4H-2型、4H-1500型、4H-800型、4HFS-150型，是目前国内花生收获（挖掘）机的主要类型。小型花生挖掘机的作业幅宽800 ~ 1 200mm，大中型的作业幅宽在1 600mm以上。

花生收获（挖掘）机是与拖拉机或手扶拖拉机配套，一次作业可完成挖掘、振动抖土、铺放作业的花生收获机械，但捡拾、集运、摘果仍须人工或其他机具完成。机具采用抖动升运链式结构，回转的栅条振动输送器将挖起的花生果秧运送到尾部，并在地面铺放晾晒。在输送器中部设有振动橡胶轮支撑栅条运送链，栅条在升运过程中不停抖动，从而分离粘结在花生根系上的土块。

原莱阳农学院与青岛万农达花生机械有限公司研制的4H-2型花生收获机在结构原理上有较大的创新，打破了花生收获机采用挖掘铲与分离链相结合的传统模式，采用摆动挖掘原理使挖掘与分离机构融为一体，从而使花生的挖掘与泥土分离过程通过一个部件依次完成，简化了机体结构。

（三）花生条铺收获机

花生条铺收获机，与小四轮拖拉机或手扶拖拉机配套，采用夹持链式结构，反向旋转的扶禾器将倒伏的花生秸秧扶起拢直，收获机的两个犁刀深入地下将花生主根犁松，花生经挖掘铲松动铲起后，一组平行对夹的回转，夹持链夹住花生秧蔓将花生从土中拔起并向收获机尾端输送，在夹持链向后输送花生秧果的过程中不断振动、颠簸花生秧，从而将泥土分离，而后送至排秧机构，把花生整齐地摆放在地面上，便于晾晒和后面的捡拾摘果。该机具是可以一次作业完成挖掘、夹持、抖土、铺放的花生收获机，与花生收获（挖掘）机相比，花生秧铺放有序，作业效率高，每小时4 ~ 7亩，便于晒果，可与花生捡拾摘果联合收获机配套实现花生两段收获，但对起垄栽培的小行距有要求，小行距范围

20 ~ 28cm。如 4HT-850 型、4HS-2 型花生条铺收获机。

（四）半喂入式花生联合收获机

半喂入花生联合收获机械分轮式和履带式两种类型。收获装置位于机器的右侧，主要由行走机构、扶禾器、挖掘铲、限深轮、夹持输送机构、抖土机构、摘果机构、清选机构、抛秧机构、卸果机构等组成，作业时可一次完成挖掘、夹持输送、清土、果秧分离、清选、集果、抛秧（或秧蔓收集）等工序，采用对辊差相式半喂入摘果原理，具有功耗少、破损率低、夹带损失小等特点，收获后花生秧蔓完整无损可用作饲料，实现了联合收获。但作业效率相对较低，每天 8 ~ 10 亩，适合小规模生产，对花生品种、土壤条件以及种植农艺方面要求较高。

作业时通过机器的行走带动，反向旋转的扶禾器将倒伏的花生秧扶起拢直，同时划破地膜，收获装置的两个犁刀深入地下将花生耕起，由夹持链条将花生秧夹持向后输送；输送过程中通过抖土机构，去除夹带的大块泥土和石块等杂质，进行第一次清选；而后送入摘果箱，在两个反向运转的摘果辊的敲击、梳理、挤压下，完成摘果过程；摘下的花生果实落到筛子上面，通过风扇将杂质吹出，实现花生果实与秸秧分离、果实与土壤及杂质分离，完成花生果的第二次清选；清选后的花生果实由提升机构输送到果仓，花生秸秧通过机器后部的疏条排出落到地面上，完成花生收获的全部过程。

半喂入式花生联合收获机收获时机的把握对于降低花生损失、提高收获作业质量至关重要，应注意在土壤较为松散时且花生未完全成熟前适当提前收获。

收获时调整好机具。作业前调整好挖掘铲深度及花生秧夹持位置，确保高摘净率和较低含杂率。联合收获机作业时，应根据花生的长势、土壤条件，以 0.6 ~ 1.0m/s 的速度作业为宜，遇到植株倒伏时，最好逆倒伏方向收获。半喂入式花生联合收获机适于直立型花生，不适于蔓型花生。

（五）花生捡拾摘果联合收获机

花生捡拾摘果联合收获机主要用于两段收获模式下的全喂入联合收获作业，机器使用轮式小麦、玉米收获机的自走底盘、捡拾台、输送槽、摘果室、清选室、切碎排草、集果箱、排草箱、液压和电气控制系统组成，工作幅宽可达 2.5 ~ 3m，可一次完成 6 ~ 8 行捡拾、摘果清选、集果、秧蔓处理等作业，生产效率可达每小时 10 ~ 12 亩，适应全国花生种植区域。

收获机作业时，机器对准挖掘后铺放的作物层，捡拾台的捡拾器拨齿接近地面，将花生棵捡拾并推送到捡拾台中。在捡拾台喂入搅龙的作用下，喂入输送槽中，在链条耙齿的作用下，将花生棵输送到摘果室；在滚筒锥体旋转和螺旋喂入作用下，进入纵轴流花生摘果滚筒；在弧形刀齿式摘果机构和凹板的作用下，将花生果摘掉，花生果落入清选室；在振动筛和搅龙作用下，被抛送风机一次性将花生果送入集果箱中。茎蔓、茎草被清选风机吹到切草器，被高速旋转的刀片切碎，通过排草口送入集草箱。

捡拾机构采用凸轮滑轨捡拾器，其工作原理为：当收获机沿铺成条状的花生作物前进时，捡拾弹齿将花生从地面捡拾到捡拾台中，再由喂入搅龙把作物集中输送到输送槽喂入口，从而实现捡拾台捡拾的花生快速输送到摘果室。

全喂入花生捡拾收获机中，摘果机构为关键部件，多采用纵向弧形刀齿滚筒式摘果机构，机具作业效率高，基本能满足规模化生产的需要，但采用两段收获模式，在挖掘和摘果时间上不能同步，这样会造成低效率和人为增加作业成本。

其摘果滚筒由前凹板、后凹板、上盖、滚筒变速箱、滚筒喂入口、滚筒前支撑板、摘果室骨架和切碎器等零件组成。滚筒前端是一组锥体螺旋喂入装置，作物进入摘果滚筒，布置在滚筒上的弧形刀齿排强制性拖拉作物，经过前凹板筛孔时，茎蔓和花生果实现分离。接下来，茎蔓棵被滚筒继续向上拖动，经过上盖螺旋导草板，就会由前向后轴向移动，并螺旋进入后凹板，茎蔓棵再次摘果分离，继续旋转至滚筒后尾上方，在较大空隙中蓬松，花生果落入后凹板。茎草被抛扔进排草口的切碎器中，分离的花生果与混杂物，经过前后凹板筛孔，直接落入清选室振动筛上面。

切碎排草装置由切碎器、排草筒、排草风机壳体、排草风机叶轮、排草观察口盖板和皮带轮等零部件组成，其功能是对从摘果室和清选室而来的茎草，完成切碎、吸抽、抛送程序，最后集中到草箱内。

花生捡拾收获机作业技术要求为：作业地块应符合捡拾摘果的技术要求，地面平整，无垄沟、无石块，收获作物无大于5㎜胶泥土块，花生秧蔓条形均匀铺放在地表；茎蔓长度不大于500㎜，通过晾晒（用手能一次性折断茎秆，叶子揉碎），茎蔓含水率小于15%，蔓果比0.5 ~ 1.5，为干摘收获；茎蔓长度不大于300㎜，茎蔓含水率大于40%，蔓果比0.8 ~ 2.0，为湿摘收获。

（六）花生秧果兼收型联合收获机

由青岛农业大学研发、山东源泉机械有限公司研发生产的花生秧果兼收型联合收获机，采用半喂入式联合收获方式，一次收获三垄六行，集花生挖掘、夹持、输送、秧蔓-果根分离、秧蔓装袋（打捆）功能于一体，实现花生秧蔓的综合利用价值。

（七）花生摘果机

传统的花生摘果是用手工摘果，效率低、用工多，严重影响经济效益。随着花生种植面积的扩大和花生产量的提高，花生摘果机的应用逐渐增多，成为代替手工操作的便利机械。花生摘果机是用于将花生从花生秧上摘下的机械，属于花生联合收获机的一个组成部分，也属于分段收获环节的一种机械。我国推广应用的单功能花生摘果机可分为全喂入式和半喂入式两种。全喂入式摘果机主要用于从晒干后的秧蔓上摘果。工作时，将晒干后的秧蔓喂入摘果室，在高速转动的滚筒作用下，将花生果摘下。全喂入花生摘果机的主要工作部件为摘果机构，按摘果原理分切流式钉齿滚筒、轴流式钉齿滚筒、篦梳式轴流滚筒、甩捋式摘果滚筒以及差动式螺旋滚筒等几种，基本能满足花生摘果的需求，普遍存在功耗大的缺点；半喂入式摘果机采用对辊差相式摘果机构，对干、湿花生秧蔓均可使用，具有动力消耗少、摘果后花生秧蔓整齐、摘湿果质量好、破碎率低等特点，多用在半喂入式花生联合收获机上。

单一功能的花生摘果机的结构比较简单，其主要工作部件一般由摘果滚筒、凹板筛、清选风扇等组成。其工作原理为：花生由喂入口喂入，在滚筒弹齿和滚筒筛的共同作用下，花生果与花生秧分离，花生秧由排杂口排出，花生果通过筛网流下的过程中，杂质被风扇吹走，花生果由接果口排出。目前有一些全喂入式花生摘果机可以摘湿果，但摘湿果易造成鲜嫩荚果的破碎，在条件许可的情况下，一般应晾晒后再摘果。

目前国内主要机型有4HZ-95型花生摘果机、5H-500型花生摘果机、5HZ-2800型花生摘果机、980型花生摘果机、5HZ-2800A型花生摘果机、5HZ-7000型花生摘果机、5HZ-4000型花生摘果机、5HZ-4700型花生摘果机、自动装袋式花生摘果机等。

花生摘果机作业质量标准：

1. 作业条件

①加工物料中不应含有直径大于5mm的沙石或胶泥块。

②湿摘茎蔓含水率大于40%，蔓果比0.8 ~ 2.0。

③干摘茎蔓含水率不大于15%，蔓果比0.5 ~ 1.5。

④茎蔓长符合产品使用说明书的规定。

2. 作业质量要求

①湿摘未摘净损失率≤1.2%。

②干摘清选损失率≤1.0%。

③湿摘破碎率≤3.5%，干摘破碎率≤4.0%。

④含杂率≤2.0%，无筛清选的机型含杂率≤4.0%。

⑤湿摘二次处理率≤ 5.0%，干摘二次处理率≤ 7.0%。

（八）花生脱壳机械

脱壳是花生加工环节的必经环节，花生脱壳机，也叫花生剥壳机，是通过高速旋转的机体，把花生外壳脱掉，而且保持花生完整的机器。

我国花生脱壳机的研制自20世纪60年代原八机部下达的花生脱壳机研制课题以来，已有十几种花生脱壳机问世。只进行单一脱壳功能的花生脱壳机结构简单、价格便宜，以小型家用为主的花生脱壳机在我国一些花生产区得到广泛应用，能够完成脱壳、分离、清选、分级功能的较大型的花生剥壳机在一些批量加工的花生企业应用较为普遍。国内现有的花生脱壳机种类很多，如6BH-20型等，作业效率为人工的30倍以上；TFHS-150型花生去杂脱壳分选机组一次完成脱壳、去皮、分选，是一种比较先进的花生后期生产加工机械；6BH-720型花生脱壳机带有复脱分级装置，采用搓板式脱壳，风力初选、比重分离清选等装置，具有机构紧凑、操作灵活方便、脱净率高、动力消耗小等特点；6BK-22型花生脱壳机一次喂料可完成花生脱壳工作的机械，经风力初选、风扇振动、分层分离、复脱清选分级后的花生仁可直接装袋入库。

花生脱壳部件是花生脱壳机的关键工作部件，脱壳部件的技术水平决定了机具作业性能，如花生仁破碎率、剥净率及生产效率等。

花生脱壳机按照脱壳方式可分为打击式脱壳、挤搓式脱壳、碾搓式脱壳、撕裂式脱壳、气爆式脱壳等集中脱壳方式。目前常用的花生脱壳机多是打击式脱壳机。

1. 打击式脱壳

打击式脱壳是花生果在高速运动时突然受阻而受到打击力，致使外壳破碎而达到脱壳的目的。

打击式花生脱壳机由机架、工作部件（打击板或打击棒）、筛网、进料斗、风扇、振动筛等部分组成。工作时，花生果在打击板或打击棒的反复打击、摩擦、碰撞作用下破碎；花生仁及破碎的花生壳通过一定孔径筛网并在风扇吹力的作用下进行分离。

影响打击式脱壳机脱壳质量的主要因素有花生果的含水率、工作部件的结构、打击板或打击棒的速度和打击机会等。这种方式对花生仁伤害较大，但脱净率高。

2. 搓撕式脱壳

利用相对转动的橡胶辊挤搓作用进行脱壳。两只橡胶辊水平放置，分别以不同转速相对运动，辊面之间存在一定的线速差，橡胶辊具有一定的弹性，其摩擦系数较大。花生果进入胶辊工作区时，与两辊面相接触，受到辊摩擦力的撕搓作用，同时籽粒又受到两辊面的法向挤压力的作用，当花生果到达辊子中心连线附近时法向挤压力最大，花生果受压产生弹性–塑性变形，花生果在搓撕力作用下脱壳。

3. 挤搓式脱壳

挤搓式脱壳利用杆状栅格挤压花生，同时栅格以一定的频率带动花生往复运动，以达到挤搓脱壳的效果。与打击式花生脱壳机相比，挤搓式花生脱壳机脱壳性能好、效率高、脱净率高、花生仁破碎率低，但对不同大小等级的花生果适应性差，脱壳前须对花生果进行分级。

4. 碾搓式脱壳

碾搓式脱壳利用运动着的橡胶辐和固定的栅格筛间受到强烈的碾搓作用，使花生果的外壳被撕裂而实现脱壳。该原理的花生脱壳机对含水率低的花生仁损伤小，但脱壳效率低。

三、花生收获机作业质量要求

（一）花生收获（挖掘）机与花生铺收机作业质量要求

总损失率5%以下，埋果率2%以下，挖掘深度合格率98%以上，破碎果率1%以下，含土率2%以下；无漏油污染，作业后地表较平整，无漏收，机组对作物无碾压，无荚果撒漏。

（二）半喂入式花生联合收获机作业质量要求

总损失率3.5%以下，破碎率1%以下，未摘净率1%以下，裂荚率1.5%以下，含杂率3%以下；无漏油污染，作业后地表较平整，无漏收，机组对作物无碾压，无荚果撒漏。

（三）全喂入式花生联合收获机作业质量要求

总损失率5.5%以下，破碎率2%以下，未摘净率2%以下，裂荚率2.5%以下，含杂率5%以下。无漏油污染，作业后地表平整，无漏收，机组对作物的无碾压，无荚果撒漏。

四、花生机械化收获模式

目前花生机械化收获的模式主要有分段收获、两段收获及半喂入式联合收获。

（一）花生分段收获

花生分段收获是由多种不同的机具分段完成整个收获作业。常用的花生分段收获机械主要有花生挖掘铲、花生收获（挖掘）机、花生铺放收获机和花生摘果机等。这种模式适合我国各花生产区。

（二）花生两段收获

花生两段收获模式采用花生条铺收获机一次完成挖掘、夹持、抖土和有序铺放，经晾晒 2 ~ 3d 后（花生秧含水率降到 15% ~ 20%），再由花生捡拾摘果联合收获机收获。这种收获模式花生秧晾晒不宜太干，否则荚果果柄强度降低，捡拾收获时掉果率较高，造成损失率较大，且这种模式花生裂荚率高，易造成粉尘、碎膜污染。这种模式适合除丘陵地带的我国各花生产区。

（三）花生半喂入式联合收获

花生半喂入式联合收获，采用花生半喂入式联合收获机一次作业完成花生挖掘、夹持输送、清土、摘果、清选、集果、抛秧等工序。半喂入式联合收获机的选择要与播种机相匹配。这种收获方式适合我国黄淮海流域花生生产区和东北花生产区。在其他产区，在种植方式和收获期土壤条件满足的情况下，也可以选择半喂入联合收获方式。这种收获方式要求花生种植方式与其配套，即采用起垄大小行栽培或平作大小行栽培，小行距方位 20 ~ 28cm。小行距过大，收获时夹持困难。且收获机对土壤墒情要求较高，墒情过干或过湿，收获时掉果率和含杂率高。

五、花生收获机的选择

应根据当地土壤条件、经济条件和种植模式，选择适宜的机械化收获模式和相应的收获机械。目前推广应用的花生收获机械有花生收获（挖掘）机、花生铺收机、半喂入式花生联合收获机、自走式花生捡拾摘果联合收获机、花生秧果兼收型联合收获机。花生收获（挖掘）机多用于分段收获，分段收获模式适用于我国大部分花生产区；花生铺收机既可以用于分段收获模式，也可以与自走式花生捡拾摘果联合收获机配合用于两段收获模式。两段收获模式收获效率较高，作业效率达到每天 80 ~ 90 亩，适合种植规模较大的花生收获。半喂入式花生联合收获机用于联合收获模式，挖掘、起拔、夹持输送、去土、摘果、清选、提升、集仓等多道工序一次性完成，作业效率为每天 8 ~ 10 亩，适合全国大部分地区的种植模式和土壤状况，但对土壤墒情及种植模式有特别要求，适合中小规模种植收获要求。花生秧果兼收型联合收获机主要用于对花生秧蔓的综合利用的产区，因为花生秧蔓是一种可与苜蓿草媲美的青贮饲料原料，喂养牛、羊等反刍动物，适口性好、消化率高、营养丰富。

第四章 农用车辆自动导航技术

第一节 拖拉机自动导航技术

自动导航系统（ANS 系统）在无人驾驶的情况下使车辆按照系统预设的线路行走，还可以通过远程控制系统实现对车辆移动位置及周围环境进行实时监控，对车辆在预设路线发生偏移时进行矫正。目前，ANS 系统已经被广泛应用于汽车驾驶，随着农业生产智能化的发展，开始逐步将 ANS 系统应用到农业机械田间驾驶，替代农户进入环境较差的田间进行农事操作，减轻农业生产中的劳动强度，提高农业生产效率，推进农业向现代化、自动化、智能化方向发展。本章通过对国内外 ANS 系统研究现状进行分析，提出目前 ANS 系统在实际应用中存在的问题，总结未来 ANS 系统在拖拉机行驶过程中的发展重点与难点，以期为拖拉机 ANS 系统的田间工作效率提供技术参考。

农业拖拉机是进行各项农事操作的重要农用机械，与各项农业机具配合使用完成作物播种、耕地及收获，是农业生产中的重要动力机械。自动导航系统可以将驾驶者从枯燥重复的驾驶过程中解放出来，通过替代人力进入田间进行农业操作，改善了农业工作人员的工作环境，推进农业现代化进程。国内外在 20 世纪 80 年代开始逐渐将拖拉机自动导航技术应用到农业生产中，目前，在德国、美国和日本都已经基本实现在田间的投放使用。田间试验结果表明，使用拖拉机自动导航系统可以极大地降低劳动强度，提高农业生产效率，工作人员只需要在远程对农业机械进行实时监控，当发生机械偏离规定路径时及时进行远程调整，因此，大力发展拖拉机自动导航技术是实现农业现代化进程的重要作业环节。

此处基于自动导航系统的关键技术，对目前国内外拖拉机自动导航系统的发展现状进行分析，指出目前拖拉机自动导航系统在田间运行过程中存在的瓶颈，提出未来发展农业拖拉机自动导航系统的重点与难点。研究结果对于完善我国农业拖拉机自动驾驶系统的发展提供参考，对推动我国农业生产向自动化、智能化及现代化发展具有重要意义。

一、拖拉机自动导航驾驶技术

目前，拖拉机自动导航系统主要分为液压式和电控式。液压式拖拉机自动导航系统主要包括 ECU 控制器、GPS 定位系统、各类传感器、液压阀及车载计算机等。电控式拖拉机自动导航系统主要包括导航系统、GPS 定位系统、电动转向系统、各类传感器及车载计算机系统等。与液压控制相比，电控技术更加高效、经济，田间行驶稳定性及可靠性较高，可以根据传感器信号自动控制车辆油门大小，从而自动控制驾驶速度。而且电控系统机械配合紧凑、轻便，可以适应各种田间地形环境，是目前在农用驾驶机械及车辆驾驶中应用最为广泛的驾驶系统。

二、自动导航拖拉机中的关键技术

（一）定位技术

定位技术是自动导航系统中的重要组成部分，定位精度是决定安全驾驶的重要前提，尤其是在交通行驶过程中，对车辆实现高精度定位可以在遇到路障、行人时驾驶车辆顺利避让，保证车辆安全驾驶。目前，最常用的定位技术主要包括导航定位技术（GPS）、惯性导航技术（Inertial Navigation Technology，INT）及地图配合技术（Map Matching Technology，MMT），其中，以 GPS 技术和 INT 技术应用最为广泛。GPS 技术主要是依靠在车辆安装定位系统，通过卫星定位为工作人员提供车辆行驶过程中高效实时的车辆移动位置，工作人员可以在远程实时观察拖拉机是否按照规划路线行驶，如果出现位置偏移，及时对车辆进行调整，防止拖拉机在行驶过程中由于运行失误而造成不必要的损失。虽然 GPS 技术在目前应用中最为便捷、广泛，但是 GPS 导航系统抗干扰性能差，在田间环境恶劣时会出现较大的导航误差。

惯性导航技术（Inertial Navigation Technology，INT）是根据车辆运行过程中的运行速度及运行方向，根据智能反馈系统计算出车辆不同时刻所在的位置信息，由于主要是依靠车辆运行的速度与方向进行位置推算，因此不易受到外界环境的干扰。目前，将 INT 技术与 GPS 技术结合使用可以获得更高的定位精度。

（二）机器视觉系统

我国关于机器视觉技术开始于 20 世纪 90 年代，由于相关技术不够成熟，所以在各个行业的实际应用中相对较为落后，仍处于试验阶段，目前主要集中在电子、半导体、汽车行业及交通中应用较为广泛，在农业生产中应用属于初级阶段。机器视觉技术是目前自动导航技术的核心，主要是通过图像传感器对周边环境进行识别，并将图像信号转换为数字信号，从而做出智能决策，属于人工智能发展的一个重要节点，在农业生产中已经得到了广泛应用。目前，农业生产中病虫害识别、作物生长中的各种农艺性状的自动判别，通过图像采集后进行系统自动判别，根据图像采集的颜色、亮度等转化为数字信号，便于在不进行田间观察时对田间作物进行及时判别，并快速做出干预。目前，在农业机械应用中，机器视觉在田间行驶时，通过对周边环境，如作物生长、土壤性质及判别果实是否成熟，从而完成一系列农事操作，如田间除草、果实采摘及土壤翻耕等。机器视觉技术可以代替传统数据采集信息技术，在较短时间内获取大量数据并及时进行处理，反馈实时有效信息，从而可以完成对目标产量的远程监控与实时监测，因此，大力发展和完善视觉技术是未来自动导航技术乃至整个农业机械的重点。

三、拖拉机自动导航技术的优势

（一）降低劳动强度

拖拉机自动导航技术替代农机驾驶员进行田间驾驶过程中枯燥、单一的工作，而且农业环境较差时该技术极大地降低了农业操作人员的劳动强度。驾驶员不需要在驾驶室时刻关注田间工作环境，如行走轨迹及行走过程中周边环境信息。利用自动导航技术，驾驶员只需要按照地块合理规划拖拉机行驶路径，而不需要进入田间，在远程进行操控即可，观察拖拉机行驶过程中是否出现偏差，当出现路径偏移时及时进行远程操控。

（二）提高工作效率

传统农业生产往往需要大量人力、物力投入，也容易受到天气影响，遇到阴天、降雨或者高温天气都无法进行田间作业。将自动导航技术投入农业拖拉机行驶过程中，可以在任何气候环境下进入田间工作，配合其他农机具的使用，完成农业生产机械化及智能化进程。在传统农业生产中，人力在田间工作时，无法对周边环境及时获取，容易造成工作失误或者误差，影响农作物生长及后期产量。采用自动导航技术，可以适应任何地理环境及复杂地形，自动感知周边环境信息并及时做出决策，在减轻人力投入的同时提高工作效率。

（三）精准作业

自动导航技术可以在行驶过程中对周边农作物位置进行精准定位，配合农业播种、喷药、翻耕及收获作业可以进行精准定位。田间信息还可以通过反馈系统及时传送至远程屏幕，工作人员可以进行精准操作，如自动导航技术配合无人机技术，可以提高药物喷洒的均匀度，有效消除病虫害，较传统人工喷洒药物更加高效，利用机器喷洒药物还可以减少农药对农业操作人员健康造成的伤害。

四、自动导航拖拉机存在的问题及发展趋势

目前，国内外都开始对拖拉机自动导航技术进行大量研究，并取得一定的研究成果。国外农业发展较快的国家，如德国、美国及日本已经将拖拉机自动导航技术应用于农业生产中，均带来了一系列农业生产成效，可以代替农业人员在恶劣的田间环境进行农业操作，减少农业生产中的人力、物力投入，降低劳动强度，极大地改善了农业生产环境与工作效率。但是目前自动导航技术在农业机械应用中主要受到电子技术、传感器技术发展的限制，仍存在一些问题亟待解决。

（一）存在的问题

1. 导航精度差

由于目前自动导航技术中定位技术、传感器技术、人工智能控制系统及机器视觉技术等还不成熟，我国各个地区地形差别较大，在不同地区进行田间操作时，容易受到地形及田间环境的影响，尤其是在南方丘陵地区，地势不平坦，田间环境较差，会造成拖拉机自动导航技术在工作时稳定性差、定位精度不高等问题。因此，在提高导航精度的同时应该加强农业田间的标准化建设，为自动导航技术在田间应用提供一个良好的环境条件。

2. 农业机械化及自动化水平低

我国是农业大国，但不是农业强国，正是由于我国农业生产机械化水平较低、自动化和规模化程度低，在农业生产中主要受到农业机械的硬件系统、软件系统的限制。由于我国耕地分布较为分散，农业机械使用的推广率较低，农业机械不配套，机械老化程度严重都影响了农业机械化、自动化程度的提高。

3. 农业生产智能化程度低

我国目前已经基本实现将农民从繁重的农业操作中解放出来，但是智能农业装备仍处于中级阶段。与国外农业发达国家相比，农业机械研发水平、农业生产效率、农业机械创新性及智能农机装备均较为落后。农业装备智能化程度高低会影响人工智能技术在农业生产中的应用，提高农业装备的智能化程度可以更好地与人工智能技术互相融合，在农业生产中发挥“1+1 ＞ 2”的功能，更好地进入数字农业生产阶段。

（二）发展趋势

1. 发展配套设备，建立配套支撑体系

农业拖拉机自动导航技术是多种技术的交互融入及各个学科的深度融合，主要是传感器技术、农机制造技术、人工智能技术三大部分。传感器技术是拖拉机自动导航技术的核

心技术，是连接农业机械与人工智能技术的“桥梁”，只有提高传感器的精度，才可以更好地将采集的信息及时高效地反馈给信息处理系统；农业制造技术是决定农业机械完成农事操作好坏的评判指标；人工智能技术是及时做出信息判定及决策的中心。目前，我国主要是引进国外相对较为成熟的各类传感器，缺乏自主研发能力，且国外与国内的核心技术差别较大，配合使用效果较差。因此，应该逐步建立拖拉机自动导航系统的配套使用体系，积极探索较为成熟的配套使用系统，探索适应于不同地区、拖拉机型号的生产模式，为农业拖拉机自动导航系统的发展提供一个健全的技术体系。

2. 多种农业机械协同导航技术

农用拖拉机进行农业操作时主要与播种机、翻耕机械及联合收获机械配套使用，因此，在对拖拉机系统实现自动导航的同时，应该加大对各项配套农机具自动导航技术的应用。当拖拉机与播种机配套使用时，拖拉机按照运行轨迹进行运动，播种机同时配合自动导航系统，可以提高播种精度，田间播种更加规范，减少重播漏播、现象的发生，可以提高“苗齐、苗壮”；拖拉机与翻耕机配合使用时，拖拉机按照预设路径进行田间行驶，同时实现土壤翻耕机按照不同的土壤环境进行翻耕，对于土块较大，杂草、根茬及秸秆较多的地块加大翻耕力度和强度，提高土壤翻耕工作效率；当拖拉机与联合收获机配合使用时，收获机割台操作实现自动控制与农作物信息识别技术，对作物成熟度进行自动判别，对果实位置进行精准定位，提高果实收获的工作效率。

第二节 无人驾驶导航农业车辆技术

随着计算机技术、全球卫星定位系统、智能控制的发展，越来越多的技术被用于农业生产。智能化、信息化是农业机械发展的趋势。农业车辆的自动导航和无人驾驶是当前的热门研究课题，对实现精准农业、智能农业具有重要的意义。

在我国，车辆自动导航技术日益成熟，但无人驾驶技术还处在起步阶段，须更进一步的研究。

一、无人驾驶技术导航系统组成及原理

无人驾驶技术是一种可以实现自主行驶的智能作业系统。无人驾驶技术通过整合传统农业信息，集成地理信息系统、全球定位系统、传感器技术和决策支持系统，使农业车辆不仅具备前进、后退、加速、减速、制动以及转弯等常规的车辆驾驶功能，还具有路径规

划、车辆控制等类人行为的人工智能。无人驾驶系统是一个复杂的动态系统，由相互联系、相互作用的传感系统、决策系统和执行系统及远程遥控组成。无人驾驶系统通过4G/5G网络把作业信息上传到云端服务器，操作人员可以在手持遥控器、远程监控平台或者手机遥控APP上根据接收到的作业信息下达相应的指令，下达的指令通过无线网络和云端服务器，下传给车载显示屏，车载显示屏通过控制器控制执行机构执行相应的动作，从而达到车辆无人驾驶的目的。

车载显示器、手持遥控器、远程监控平台和手机遥控APP都和云端服务器双向通信，协同工作。用户可以根据自身需要，选择一种或多种远程遥控方式。当一个设备下达了指令，作业数据发生改变时，其他设备上的数据也会随之修改。

二、无人驾驶导航技术系统架构

无人驾驶系统由车辆控制、路径规划、轨迹跟踪、地形补偿、远程遥控、远程监控、紧急停车等几大部分组成。

（一）车辆控制

车辆控制系统应具备前进、后退、加速、减速、制动等常规的车辆行驶功能。该系统由控制器接收各传感器的反馈信号，结合控制策略，控制转向机构和动力电机的运转，改变拖拉机的行驶速度和行驶方向，实现车辆的加速、匀速、减速、制动、前进、后退等一系列动作。

系统通过获取发动机内置传感器和外部传感器的信息，实时监测行车状态，反馈给控制器，控制器控制执行机构，实现车辆控制变速换向的闭环控制。

（二）路径规划

无人驾驶系统具有作业区域的路径规划功能，可以根据地块边界规划出合理的作业路径。路径规划支持多种路径指导模式，如平行线指导、曲线指导、自适应曲线、中心点环绕指导等模式。

规划的路径须满足车辆转向的要求，转弯半径不小于车辆的最小转弯半径，同时要考虑不同农田作业对车辆行驶路径的不同要求。路径规划系统具有数据存储功能，支持地图的显示、缩放功能。GNSS卫星定位系统获取的车辆位置信息在地图中实时显示。

（三）轨迹跟踪

轨迹跟踪以高精度全球卫星定位系统（GNSS）为核心技术，通过转向控制装置和轨迹跟踪控制算法自动修正方向盘，使车辆沿预定作业路径自动跟踪行走。轨迹跟踪系统分为液压导航和方向盘导航。液压导航系统精度高、稳定性好；方向盘导航安装便捷，不需要改变车辆原有的液压系统。

轨迹跟踪技术是通过接收机接收卫星定位和基准站位置信号，利用 RTK 差分信号原理获得车辆的精确位置，将补偿后的位置信息与之前在电子地图上已规划好的路径进行对比，得到偏差值。将偏差值处理后，通过车辆控制技术来控制无人驾驶车辆的行驶速度和方向，进而实现对农业车辆的轨迹跟踪。

利用显示屏进行人机交互和路径规划，并通过转向角度传感器反馈信号实现车辆轨迹跟踪的闭环控制。

轨迹跟踪实时控制原理：根据作业需求系统自动进行路径规划。通过车辆上安装的 GNSS 卫星接收机，获取车辆位置信息，计算出横向偏差，以及车辆与目标线夹角。智能控制单元计算生成发动机和方向盘的动作量，通过执行机构的动作，实现作业线准确跟踪。

（四）地形补偿

地形补偿技术可以提高车辆在有坡度或者崎岖的地面上行走的直线精度，提高方向盘导航和液压导航系统的准确性和效率，减少作业中的重叠或遗漏。地形补偿技术的原理是利用陀螺仪和加速度计补偿车辆的侧倾、俯仰和偏航，使车辆在崎岖地形上也能获取准确的位置信息。无论车辆处于何种坡度，地形补偿技术都会计算 GPS 天线位置与车辆中心点在地面上的实际位置之间的差异，从而保证导航精度的准确性。

（五）远程控制

无人驾驶系统通过 4G/5G 网络把车辆信息和作业信息传给云端服务器，操作人员根据接收到的信息做出相应的动作，手持遥控器、远程监控平台或者手机遥控 APP 下达的命令通过无线网络下传给车载显示屏，车载显示屏通过控制器控制执行机构执行相应的动作，从而达到远程控制的目的。传感系统使控制形成了闭环精准控制。

（六）远程监控平台

远程监控平台基于北斗卫星定位、网络 GIS、卫星遥感和移动通信等技术，面向农机服务组织与农机主管部门，可以帮助用户高效工作，具有农机定位、监控、调度、管理和统计等功能。

系统结合 C/S 开发模式，由客户端和服务器组成，客户端主要负责工作数据绘制与查看，服务器主要负责数据存储与记录，系统易维护、易操作，有良好的可移植性和用户体验。农机作业过程中的信息会自动发送到服务器，用户可以在客户端的系统管理平台上查看车辆工作状态、作业轨迹、作业时间、已作业面积、工作效率等信息。

远程监控平台的主要功能有远程遥控，用户车辆信息管理，车辆位置追踪，显示车辆是否处于工作状态，查看车辆工作轨迹和历史轨迹，进行作业质量监控和分析等。当农机上安装有摄像头时，可以采集周围的图像信息并上传到管理平台。

（七）紧急停车

无人驾驶系统上具有最高级别的控制权限的紧急停车功能，可以实现快速停车，避免车辆撞上水井、树木等障碍物或行人。当车辆前方出现障碍物或行人，且与车辆的距离进入危险范围时，应当使用紧急制动，确保行车安全。

综上所述，该无人驾驶农业车辆控制系统把车辆控制、路径规划、轨迹跟踪、地形补偿、远程遥控、远程监控、紧急停车等几项关键技术有机地结合起来，借助传感器和执行机构，实现农业车辆的无人驾驶，为进一步研究农业车辆的无人驾驶技术奠定了基础。

无人系统的信息传输以4G/5G技术为基础，随着5G技术的发展，无人驾驶车辆可以在远程环境感知、信息交互和协同控制等关键技术上取得突破，让无人驾驶在面对复杂作业环境时响应更精准、更快速，作业更安全。

三、无人驾驶导航技术应用的优缺点分析

（一）无人驾驶导航技术应用的优点分析

1. 作业效率高，减少劳动力

相比于传统人工操作，无人驾驶凭借定位、激光雷达、红外感应、与RTK相融合等技术可提供稳定的动力来源、喷洒效果以及最佳的智能路径规划，有效提高土地等资源的利用率，不必要路程的减少亦可缓冲农田土壤压实的累计效果，减缓土壤质量下降速率；无人驾驶机器作业效率是人工操作的10倍，并且可24小时持续工作，大大提高了生产效率；劳动者彻底从“锄禾日当午，汗滴禾下土”中解放出来，只需负责监管工作，实行远程操控，也使得农机手对技术掌握的要求降低，其至少减少了用户60%的劳动强度。

2. 精准化程度高，提高农产品质量和农药利用率

由于物联网在农机的推广，自主数据采集及对农作物各种指标进行自动管理成为可能，成熟的无人驾驶技术使农机无人化误差率精准度已达到毫米级，可保证播种、灌溉等农艺的高效实施以及匀整的工作效果，不重种、漏种，进而提高农产品的质量及收入效益；无人驾驶的控制装置也可根据不同的农田环境以及农业机械型号进行选择，有利于提高作

业精度；精准变量喷施等标准化变量作业可通过孔径和流量自动调控来实现精准作业，不仅可满足农作物各部位的生长发育需求，还能有效控制药耗，提高农药利用率。

3. 安全性好

基于机器视觉的智慧病虫害识别及精准喷洒可减少农药残留，保证农产品食用安全性，提高用户体验；全自动化作业代替人工农药喷洒，可避免人药直接接触，营造安全的作业环境；农机手在驾驶及操作时易发生被卷入运转中的机器、摔倒等安全事故，无人驾驶使农机手解放双手，避免了安全隐患的发生。

4. 使用成本消耗少

一台基于无人驾驶技术的农业机械要比人工操作农机的成本低；人工进行农艺操作错误率较高，易导致资源浪费，无人驾驶可通过红外、光谱分析等技术对农作物进行监控来规避风险，减损增效；机械作业路径稳定，可减少路程损耗，降低油耗，在一定程度上也有利于保护环境；无人驾驶在农机的应用已趋向于规模化、系统化、聚合化，从长远看，多功能农业机械的诞生也有利于降低投入成本。

（二）无人驾驶技术应用的缺点分析

1. 个体户种植不易推广

无人驾驶技术适用于农作物大规模种植的场所，但目前农业发展仍以个体户种植为主，个体户缺乏足够的资金用于购置智能农机设备；需要很长的时间才能获得收益对个体户来讲不是最佳的投资途径；无人驾驶普及度不高，难以保证后期维修的便捷性也是影响个体户购买设备的因素之一；个体户不了解无人驾驶技术的发展状况，对其所带来的经济效益没有足够的信心。

2. 信号稳定性不易保证

无人驾驶功能的实现主要依赖于对感知系统的灵敏度，各个指令的相互配合须确保遥控信号传输过程的稳定不间断，从而使无人驾驶设备能顺利作业。机器作业时的天气状况、风力等级，遥控器与设备之间是否存在遮盖物，地面是否存在障碍物，是否距离过远等因素都会影响遥控信号的稳定，因此保证信号的稳定传输是影响无人驾驶设备使用的关键因素。

3. 缺乏专业技术人才

无人驾驶作为新兴技术在设备研发、推广、操作、维修等方面的人才都是缺乏的，且无人驾驶产品投入使用后须不断地更新换代来增强竞争力；销售设备时需要优秀的推广人才打开市场；种植户需要经过专业技术人员的培训后才能操作设备并了解一些设备出现故障的缘由，掌握一定的理论知识；由于各地都销售相关产品，需要设置众多的维修机构，需要大量的维修人员才能解决种植户的担忧。

4. 缺少政府的财政支持

购置智能化设备需要大量资金，政府缺少相关的政策对购置设备人员进行补贴，政府须加大广告投入力度用以推广无人驾驶在农业领域的应用；在无人驾驶设备后期维修过程中也需要政府投入资金对从事该职人员进行鼓励；无人驾驶作为新兴行业缺少国家政策用于降低种植户所要承担的经济风险，政府须不断完善保障机制确保无人驾驶行业的发展。

5. 受自然地理环境限制

地形地貌的复杂程度对无人驾驶设备的性能要求不一，设备是否适用不同的地形，能承受的陡坡范围等仍须不断实验；环境恶劣地区对设备性能要求也更加严苛，高温酷寒的气候条件都需要对设备进行不断优化；设备使用当天的天气状况、风力等级等不可控因素是否会影响到设备的作业情况，对设备的影响程度均需要进行不断的测评。

四、无人驾驶导航技术的前景展望

近年来，随着中国人口不断向城市迁移，导致大面积的农田无人耕种，土地资源浪费严重，因此发展农用无人驾驶机械是未来必然的趋势。未来无人驾驶技术在农业上的不断应用将使中国生产农作物的成本大大降低，提高了中国农业在国际上的竞争力。而高精度定位系统、路径规划与障碍规避系统等技术的研究更是中国未来大力发展无人农业亟须解决的难题，因此，应当针对其构建专业的人才培养体系，加大相关技术领域的研究，不断在技术创新方面做出突破。随着驾驶技术在农业上的广泛应用，未来农业将逐渐实现无人化、精准化、大规模生产。这对于促进农业的进步和国家的发展具有重要的意义。

第三节　农业机械自动导航技术研究进展

现代农业机械的自动导航对耕作、播种和收割等农业生产过程中常用的技术系统有重要影响。实践证明，农业机械的自动导航技术不仅改变了传统耕作方式，保证了农业技术与现代科技的有机结合，而且极大地助推了农业农村现代化，提高了农产品的产量和质量。基于此，本节主要分析了常见的农业机械自动导航技术在实际生活中的运用，并展望了农业机械自动导航技术在未来的发展前景。

随着社会经济的快速发展，自动导航技术已在我国各个领域得到普遍应用，既提高了我国农业生产的效率，又提高了农产品的产量和质量，极大地助推了我国农业农村的现代化发展和农业机械的现代化。实践证明，农业机械自动导航技术不仅改变了传统耕作方式，也使信息技术在农业生产中得到很好的融入，降低了农民使用机械设备的难度系数。机械设备的自动导航技术经常被用于农业的实际生产中，它能帮助农民在工作过程中使复杂工作简单化，所以工作人员在推广农机自动导航技术的过程中，还应不断进行研究和创新，使之能在农业工作中得到长期发展。

一、农业机械自动化导航技术概述

农业机械自动化导航技术大部分是利用地磁、无线电和激光等技术，通过接触杆和引出线操作方法来实现导航具体目标，特别是在涉及农业机械行驶的区域埋设电缆或磁钉，以便为农业机械提供更好的导航信息。这种自动化导航技术方法的优点是可以应用于任何路面，同时在道路环境标准薄弱的情况下，如雨、冰或大雪等天气，也可以实现围栏的良好导航。但要注意的是，在农业自动化技术实际使用的过程中，由于施工成本较高，后期的工作难度会逐渐上升，工作人员要对现代自动化导航技术做出进一步的升级和完善，才能让导航技术实现农业利益的最大化。

二、农业机械中应用自动导航技术的意义

（一）减轻农机操作人员的工作强度

将自动导航技术应用于农业生产当中，操作人员就不需要将时间和精力集中在农业机械的不同操作位置上，只需简单操作即可完成工作调节。农业机械自动导航技术不仅降低了工作难度，对工作效果的定量分析也有很大帮助，可以替代传统操作人员的重复计算，在最短的时间内得出科学数据，极大地降低了农业机械操作人员的工作强度和工作风险。

（二）提高农业生产效率

传统的农业活动通常需要大量的人力、物力和时间才能完成生产任务，农业生产的质量也会受到一些人为因素的影响。再加上传统农业耕地比较分散，土地资源利用不集中，农业活动过程难以持续，导致了工作效率低。所以在农业机械中引入自动导航技术，实现了整体农业的大规模作业，从播种到收购过程中积极使用机械自动化技术，大大提高了农业耕种收效率。此外，在传统的农业生产活动中，农业操作中的人为因素经常存在不合理性，精准度较低，一旦数据统计有误，会直接影响工作人员的最终判断。选用自动导航技术后，就可以准确地进行播种和农业收割数据统计，通过这种技术来处理许多细节问题，

可以快速提高农作物收割的质量和效率。

三、农业机械自动导航技术的具体应用

（一）GPS 定位系统

GPS 作为常见的全球定位系统，它具有三维定位和精准导航的作用，同时也具备全天候、多方位、高精度的定位特点，被普遍用于陆地和航空等领域，对提高地球信息水平有重要贡献。GPS 定位系统主要由三部分组成：空间系统、控制系统和设备信息。农业生产中的 GPS 定位系统大部分是由卫星定义位置，在工作人员检查土层厚度时，一般与 GIS 系统结合使用，以方便记录土层的相关情况，得出不同地区的土层质量，并利用土层质量分布图，以自变量的方式及时进行有针对性的施肥。目前，由于中国农村的耕作方式大多是集约化、规模化的，所以在大面积耕作的具体操作过程中，控制 GPS 定位工作路线非常重要，使用 GPS 系统可以提前规划好耕作路线，从而可以为耕作创造最好的设计方法。

（二）视觉导航

当配备了 GPS 系统时，导航是可视化的，导航周围的环境可以直接显示在显示屏上，大大提高了导航的准确性。现代视觉导航可以收集领域内部的每一栏信息，并给出该地区的准确信息。通过技术人员的不断研究，这项技术已经实现了创新，可以对农业目标作物的实际部分进行长时间的精确定位，越来越多的农业工作人员也开始使用视觉导航进行数据测量。因此，须及时对图像采集和元素采集进行适当的研究和创新，不断完善升级自动导航技术系统，才能正确地营销和推广视觉导航技术。在过去，许多从国外进口的视觉导航电感器与国内的生产设备不兼容。然而，这个问题现在已经得到解决，越来越多的国外视觉导航设备也开始大面积应用于国内农业生产当中。

四、农业机械自动导航关键技术

（一）北斗技术

北斗农业自动导航系统主要由车载电子计算机、卫星接收器、控制系统软件和基站等部分组成。通过在农业机械上安装北斗卫星导航系统，将北斗卫星导航系统的精确位置数据信号集成到相位上，设计出机械设备驱动线的方案。随后综合该部分机械或设备信息、状态信息、航向角信息、传感器信息、电动方向盘或液压信息，通过对以上信息系统的控制，以实现机械设备的轮换。最后按照整体规划的路径行驶，达到完成犁地、耕地、种植

和田间管理等各种工作的目的，帮助农业工作人员做好播种、种植、田间管理等工作。现如今，将农业机械与北斗农业自动导航系统相融合，可以实现无人值守，替代某些人工操作，极大地降低了人工工作强度，节约了劳动成本。尤其是随着中国城市化进程的加快，大量农业人员离开农村进入城市，直接导致农村的年轻劳动力明显不足，所以在新时期使用无人农业机械可以有效解决农业劳动力短缺的困难。

装备北斗自动导航系统的农业机械设备可以不受时间因素的影响，能一天 24h 工作，随时随地进行精准测量，不会错过任何农时。它的出现可以取代部分手工作业，减轻特定工人的工作强度，可提高 50% 以上的工作效率。北斗导航自动操作系统也可以对农业机械进行适度调整和精确定位，以确保工作质量和工作精度。经过对大部分自动化标准产品的检验，在 200m 的测量范围内，通过自动导航技术计算的直线度精度和对接线精度差距控制在 2.5cm；在 800m 的测量范围内，北斗导航杆自动作业插秧机，直线度精度和对接线精度差距控制在 5.0cm。所以采用北斗导航自动操作系统的农业机械设备，可以保证现代农业作业精度，准确利用土地总面积，减少药品、化肥和水资源的消耗，提高作物生长发育质量，从而提高产量。同时，北斗卫星导航无人机可以进行农业植保工作、农业检测和数据采集，具有准确、高效、环保、智能等特点。

此外，在自动导航技术中使用的无人机体积小、重量轻，便于携带、方便使用，因此可以成功地融入不同的地块和不同的作物中。利用北斗无人机，对处于过渡花期的果树进行二次授粉，适当提高结实率。对于农时处理人工授粉遇到树龄稍高，树顶无法授粉，影响结实率的问题，通过投入无人机进行作业，最终效果可高达 10 倍人工授粉的效率，并且没有化学污染问题。

（二）车辆控制决策系统

车辆导航控制决策系统主要是通过科学的控制算法对车辆的机械设备进行控制，根据农业生产工作的具体需要，自动调整车轮方位，使农业车辆少走弯路，按线路要求进一步做好农业生产工作，提高农业效率。常见的车辆控制技术包括 PID 控制技术，因为国内 PID 控制技术发展较早，在农业和工业生产中普遍使用，与其他控制技术相比，其发展相对完善，具有方便、快捷的特点。如果农业工作量发生变化，可以调整 PID 的主要参数，达到满意的控制效果。

现代车辆控制技术大部分被用来控制导航控制系统软件的行为，主要是通过用数学语言编写的控制标准作为导航控制系统软件运行的重要基础。PID 控制技术具有广泛的应用前景，具有稳健性特点，如果农业车辆设备在导航行驶过程中的行驶路径和原始路径预留存在一定的误差，这些误差数据信号，直接通过 PID 控制技术来进行现场导航，控制模块则对误差数据信号进行分辨，并按标准输出适当的路径数据信号，导航汽车将被引导正确路径行驶。借助于电机推送控制模块、液压控制阀组系统控制模块等，可以适当将电机推进控制系统软件安装在导航的方向盘上，然后使用电子计算器、电机控制器和方向转换器来调整农业车辆的方向。控制决策系统直接通过电子计算器向电机控制器发出控制指令，然后电机控制器与直流电机一起工作，根据这些指令调整车辆的速度和方向，使导航车辆能够按照预先确定的路线顺利行驶。

（三）环境感知技术

环境感知技术主要使用传感器收集周围环境的信息，以适当的特征为基础分析和处理信息，并构建环境实体模型。在互联网信息时代，传感器类型的数量不断增加，质量也越来越高，同时也产生了许多优越的环境传感器信息处理方法，这对优化识别农业环境有很大的正面影响，越来越多的科研人员正在研究这种环境感知技术，以提升农业机械的导航质量。例如，一些业界人士设计了杂草控制智能机器人，环境感知技术中的认知系统就可以直接识别田间的杂草，并将其评论反馈给上级系统，工作人员通过技术传递的数据来进行分析、处理和清除杂草。

环境感知技术在新时期还提出了一种全视觉的障碍物检测方法，在测量技能、障碍物检测等方面功能强大，能更好地帮助工作人员在短时间内了解不同区域的土地环境。

（四）地图构建技术

地图构建技术一般需要传感器来收集和处理必要的信息，以构建环境地形图。地形图有多种表现方式，包括几何地形图、环境信息地形图和三维坐标地形图。地图构建技术是自动导航技术的关键部分，只有通过地图构建进行广泛测量，才能精确定位土地层面问题。我国人口众多，但人均土地极少，因此提高粮食生产的数量和质量十分重要。尽管机械已经实现了自动化，效率明显提高，但仍有新的技术挑战，需要依靠地图构建技术，不断对我国各方位的土地进行全方位测量监控，才能找到更多适合种植的土地，避免盲目种地问题发生。

综上所述，农业机械与自动导航技术不仅要进行有机结合，而且在农业机械化发展的进程中，应充分利用最新的农业自动导航技术，提高农业产量，增加农民收入，助推乡村振兴。

第五章 激光控制平地技术与设备

第一节 激光控制平地技术理论与系统

一、激光控制平地技术理论

激光控制平地技术是目前世界上最先进的土地平整技术，可有效改善土壤表面平整程度和种床条件，提高农田灌溉水分布的均匀程度，有利于控制杂草和虫害，降低化肥使用量，减少环境污染。与传统的农田平整方法相比，激光平地技术具有高效率和高精度的特点。

20世纪90年代后期，我国黑龙江、吉林、新疆等省区的大规模农场开始从美国等国家引进激光控制平地技术和设备。其中以美国Trimble公司的产品为代表，虽然效果比较理想，但功率大、价格高，且使用过程中的维修、故障处理及零配件供应都受到极大制约，在很大程度上阻碍了该项技术在我国农田平整作业中的广泛应用。

中国农业大学在国际合作项目和国家“863”节水农业重大专项的支持下，21世纪初就已经与菲律宾国际水稻研究所（IRRI）共同研制了适合我国旱田应用的平地铲。随后研发了具有自主知识产权的激光接收器、控制器和液压控制系统，并集成国产激光发射器，构建了激光控制平地系统。

为了满足农田灌溉的需求，有时须将田块平整成具有一定坡度的斜面，为此中国农业大学研制了激光发射器云台，集成国产JP3激光发射器，即可扫射形成具有一定倾角的激光面，发射器云台主要包括云台机械结构、步进电机、电机驱动器、云台控制器和电源转换模块等部分。云台机械结构采用金属材料设计而成，发射器安装在三脚架上进行工作。因此选用了质地比较轻而硬度和强度又比较大的铝合金材料设计平台主结构。采用强度较大的钢材料制作轴，轴和其配套的轴承、轴承座组合并安装在铝合金平台上。在轴的一端设计了一个同轴心的孔，同轴孔与步进电机的转轴通过间隙配合到一起，步进电机通过法兰盘安装在平台上，步进电机的转动角度直接反映到转动轴上，并带动转动平台的旋转，激光发射器就安装在转动平台上。

土地平整作业中，三维地形信息是土地平整工程设计和平整效果评价的依据。在激光控制平地作业前，须按照适宜的网格间距对作业地块进行三维地形信息获取，计算出平均标高和土方量，在此基础上拟订合理的平地工程设计与施工方案，给出平地后预期达到的田块地形设计平面。平整作业后，通过三维地形信息计算出平整之后效果，为平地的整体效果评价提供数据。

中国农业大学精细农业研究中心在土地三维信息获取的研究中，开发了适合在我国推广应用、性能良好、成本较低、精度较高、具有自主知识产权和面向农田土地平整作业的农田三维地形测量系统，为大规模土地平整工程的施工测量提供了有力的技术手段，显著节省了大面积地面高程测量工作的人力消耗，提高了土地平整作业的效率。开发的装备包括便携式三维地形采集器、车载式三维地形自动测量系统、基于 GPS 与姿态传感器校正技术的三维地形测量系统。

1. 便携式三维地形采集器：使用高性价比的 GPS OEM 板自行开发的便携式三维地形采集器，成本低、精度高、易操作、便于携带，能实时采集、显示、存储农田三维地形信息。

2. 车载式三维地形自动测量系统：以 GPS 技术和激光控制技术为核心，消化吸收国外激光平地产品技术，采用功能模块化和集成化的设计理念，开发激光接收与测量设备以及激光控制与数据采集设备，具有激光控制平地功能和准确、稳定、快速获取农田相对高程信息的功能。

3. 基于 GPS 与姿态传感器校正技术的三维地形测量系统：利用高精度 GPS 获取平面坐标和高程信息，并通过姿态传感器校正机械行驶过程中因天线倾斜引起的 GPS 平面及高程误差，从而获取准确的农田三维地形信息。

以上三种测量系统在试验中均能够较好地得到试验农田表面三维信息，为土地平整前规划和平整后评价提供技术与数据支持。

二、激光控制平地系统

激光控制平地技术是利用激光束扫射形成参照平面作为非视觉操作控制手段，代替常规平地设备操作人员的目测判断来自动控制液压平地机具刀口的升降，从而能够大幅度提高农田土地的平整精度。其感应系统的灵敏性至少比人工视觉判断和拖拉机操作人员的手动液压控制系统精确 10 ~ 50 倍。

（一）系统组成

激光控制平地系统集光学、机械、电子及液压器件于一体，主要由激光发射器、激光接收器、控制器、液压系统和平地铲等五部分组成。其中分立式液压系统包括齿轮泵、液压调节器、油箱和液压油缸等。

平地作业时，激光发射器在农田上方产生一个激光水平面，作为平整土地作业的参考基准面，安装于平地铲桅杆上方的激光接收器接收到激光信号后，判定农田地势的相对高低，将其转换为相应的电信号，并将电信号传递给控制器。控制器对来自激光接收器的信号进行分析与处理，输出相应的控制信号给液压调节器，再由液压调节器驱动液压油缸，控制平地铲的升降动作，并随着拖拉机的行进连续动作，进行平地作业。

（二）激光发射器

激光发射器用于提供激光控制平地作业时的作业参考基准面，在与国外激光发射器进行对比的基础上，选取福田 FRE201 型激光扫平仪作为激光源。该发射器激光波长 635nm，工作直径 500m，旋转速度 600r/min。该扫平仪可以自动设置坡度，无需另外设计激光发射云台。室内和田间试验表明，FRE201 能很好地应用于激光控制平地作业。

（三）激光接收器

激光接收器是由具有中心控制点的一系列垂直对称分布的光电传感器构成的信号接收装置。平地作业过程中，激光接收器垂直安装在平地铲设备的桅杆上，作为一座连接激光发射器和控制器的桥梁，实时接收来自激光发射器的激光信号，从而确定此时激光参照平面与中心控制点间瞬间的位置偏差，并向控制器发出修正信号，由控制器控制平地机具的升降，使接收器中心控制点位于激光参照平面之内。

1. 总体设计

激光接收器主要由光学系统、光电探测器、低噪声放大器、整形和展宽电路等组成，其综合技术指标主要由探测器和放大器的性能指标所决定。

激光接收器的工作原理：首先，入射光经过组合滤光装置滤除激光工作波长以外的背景光，以提高信噪比；其次，经光电转换将光信号转换为微弱的电信号，再通过低噪声的前置放大器和主放大器实现对微弱信号的放大；最后，通过整形和展宽电路将脉冲信号转换为 TTL 数字信号传送给控制器。

2. 硬件设计与实现

（1）组合滤光设计

激光控制平地系统在田间作业时，其工作半径通常在 150m 以上，激光发射器扫射的激光束经大气衰减后到达接收器时入射功率很微弱，不到 1mW/cm^2，而背景太阳光辐射功率相对较强，经过大气衰减后达到地球表面的辐射功率仍有 1 000mW/cm^2 以上，所以由激光信号和太阳光所组成的入射光的信噪比非常低。同时，光电探测器在入射光强较大的情况下容易达到饱和，从而大幅度降低了光电传感器的灵敏度。因此，在进行光电转换之前，须采取合理的滤光措施。

利用系统所使用的激光具有单色性好的特点，本研究在激光接收光学系统中采用了组合滤光的方法，即首先在激光接收器外壳的透光窗口上安装红色有机玻璃进行初次滤光。然后在光电探测器上加入滤光片进行二次滤光，来滤除红色激光工作波长以外的背景光，以提高接收系统入射光的信噪比，从而提高激光接收器的探测能力，实现更准确地检测激光信号。

（2）光电转换设计

入射光经过组合滤光后，须通过光电探测器将光信号转换为电信号，才能被后续电路处理。适用于激光接收的光电探测器主要有光电二极管、光电三极管及光电池等。光电二极管具有一般二极管的特性，具有反向截止功能，工作原理较简单，转换的速度也快，但光电二极管单管的面积较小，一般不到5mm×5mm。光电三极管的原理与光电二极管相类似，仅相当于光电二极管增加了一级放大电路，且本身的受光面积也比较小，也不适用于该系统。因此，此处采用了国产2CR93硅光电池作为光电探测器，尺寸为20 mm×5mm，其受光面积大，具有良好的响应特性。

（3）前置放大电路设计

前置放大器最主要的功能是放大来自光电探测器的信号，并尽可能降低附加噪声。对应于不同类型的探测器有不同的前置放大器与之相匹配，激光接收器中采用的光电探测器是硅光电池，其对应的前置放大器的设计在系统中起着关键的作用，同时，整个系统的信噪比的大小也主要取决于前置放大部分的设计。

前置放大器可以采用三极管或场效应管等分立元件构成的放大电路，也可以使用集成运算放大器。在前期的研究中采用的是三极管构成的放大电路，其电路的稳定工作点不易调整，导致接收器工作不太稳定，因此，在此采用低噪声的集成运算放大器设计前置放大电路。

（4）主放大电路设计

为了尽量减小电路中的噪声，提高电路的信噪比，在前置放大器中限制了增益不能太大，但为了使信号放大后的电平能达到后续电路处理的水平，还须设计主放大器，使得激光接收器在远距离工作时能将信号放大到1～2V。主放大器的原理与前置放大器基本类似。同时，在主放大电路中加入了高通滤波电路，以限制其带宽，抑制噪声和干扰，从而提高电路的整体性能。

（5）脉冲整形和展宽电路设计

经过两级放大后的信号为脉冲波形，而与激光接收器相连的控制器所需的输入信号为TTL数字信号，所以须将放大后的信号进行整形。本研究采用比较器将放大后的脉冲信号转换为数字信号，但转换后的数字信号频率过高，且脉冲宽度较窄，不利于控制器中微处理器的处理，所以还须将数字信号进行展宽，因此，采用了单稳态触发器对数字信号进行脉冲展宽，使得最终TTL数字信号的频率为10Hz左右，以供后续电路处理。

（6）电源模块设计

激光接收器的供电电源是拖拉机的12V蓄电池，而接收器的硬件电路中各芯片所需的供电电压为+8V，同时接收器处理后的信号传向控制器必须是标准的TTL信号，因此电路中也需要+5V电源。

（7）结构设计

激光控制平地系统工作时，激光发射器的位置是固定的，而激光接收器在不停地移动。为了使激光接收器能够360°全方位接收激光信号，同时使其具有一定的垂直工作范围，须合理设计硅光电池的空间布局。

（8）外壳设计

激光接收器外壳的优化设计，一方面，有利于核心电路板在其内部的固定，增强其抗震性，提高其工作性能；另一方面，有利于增强接收器在平地铲桅杆上固定的稳固性，以免由于固定不牢导致跌落，损坏接收器，尤其是在水田工作时，跌落可能使接收器进水造成电路板短路，影响系统的工作。

（四）控制器

控制器是整个激光控制平地系统的控制中枢，对整个系统的平稳高效运行起着关键作用。主要对来自激光接收器的位置偏差信号进行分析与处理，并输出相应的控制信号给液压系统电磁阀，再由液压调节部分驱动液压油缸，使平地铲上下动作，并随着拖拉机的行进完成激光控制平地作业。

1. 总体设计

控制器的基本工作原理：主控电路根据来自激光接收器的5路信号，判断激光接收器相对基准参考平面的偏差位置，在控制器面板上实时显示相对高低，并发送相应的控制信号给液压控制系统实现反馈控制平地铲的升降，直至激光接收器中心位置的光电池位于激光参考平面内。液压控制线路有手动和自动两种模式，在手动模式下，只能实现手控平地铲的升降；在自动模式下，可以由位置偏差信号自动控制平地铲升降，也可以实现手控。

2. 硬件设计与实现

控制器的硬件电路以AT89S51单片机为中央控制器，并扩展了外围电路，主要包括电源模块电路、看门狗监控电路、手动／自动模式逻辑判断电路、电磁阀驱动电路及位置偏差指示灯驱动电路等。

（1）电源模块电路

控制器硬件电路各主要芯片的供电电压要求为+5V，而控制器采用的是拖拉机的12V蓄电池供电，为此须设计电源转换电路，以实现12V—5V的电压转换。控制器中采用的电压转换芯片是Lm2575。

（2）看门狗监控电路

采用看门狗复位电路可以有效地防止程序的“跑飞”，并自动将系统恢复到正常工作状态。单片机间隔一段时间通过P3.0。触发看门狗的输入端WDI，清零看门狗定时器。若单片机受到外界干扰出现程序“跑飞”的情况，不能在规定的时间即6s内触发WDI端，则看门狗通过RESET端口向单片机输出一个稳定的复位信号，使单片机恢复程序的正常运行。

（3）逻辑判断电路

逻辑判断电路的主要功能是判别手动和自动两种液压系统控制模式，并判别手动或自动模式下的上升和下降控制信号。它具有手动模式下屏蔽自动控制信号的功能和自动模式下允许手动干预的功能。

（4）电磁阀驱动电路

控制器采用数字电路来实现对液压系统电磁阀的控制，电磁阀的工作电压和工作电流比较大，为使其能够正常工作，必须设计相应的驱动电路来提高控制电路的输出电流和带负载能力。为了防止输入电压超过额定值，在输入端设置了一个限流电阻R；通常固态继电器均设计为“常开”状态，即无控制信号输入时，输出端是开路的，因此在输入端外接了一个简单的三极管控制开关的电路；为保护继电器，在输出回路还增加了一个瞬态抑制电路，即在输出端加装了一个RC吸收回路，它可以有效地抑制加至继电器的瞬态电压和电压指数上升率，同时在输出端接入了具有特定钳位电压的压敏电阻器件。

（5）指示灯驱动电路

在控制器上设置指示灯是为了实时显示激光接收器的位置偏差信息，以方便操作者实时掌握系统工作情况，并在适当的时候根据指示灯状态信息对液压系统进行手动干预。位置偏差信息指示灯一共设置有三个，分别指示激光接收器相对于激光参照平面的偏高、适中和偏低。

（6）外壳设计

控制器安装在驾驶室内，由驾驶员进行操作。其操作面板主要包含 3 部分：

①电源

操作面板右侧下方的开关为电源开关（标号 8），由它来控制整个系统的开启与关闭；电源开关上方的红色指示灯为电源指示灯（标号 7），由它来指示系统的运行状态；电源指示灯的左侧为保险管（标号 6），安装保险管的主要目的是保护内部硬件电路。

②液压系统控制开关

操作面板中部的 2 个开关用于对液压系统进行控制，上方为手动 / 自动模式切换开关（标号 4），用于选择液压系统控制模式；下方的双复位开关用于实现平地铲的手动上升 / 下降控制（标号 5）。

③信号指示灯

操作面板的左侧为 3 个位置偏差信号指示灯，用于实时显示平地铲相对于平地基准面的位置偏差状态，即偏高、适中和偏低［上方红灯（标号 1）指示偏高、中部绿灯（标号 2）指示适中、下部红灯（标号 3）指示偏低］，给操作者提供直观的信息，方便操作者在适当的时候给予手动干预控制。

3. 软件设计与实现

控制器软件的功能主要有两个：一个是配合逻辑判断电路判定液压系统工作模式；另一个是读取来自激光接收器的端口信号，判定激光接收器的位置偏差状态，从而控制指示灯的显示状态并向电磁阀发出相应的控制信号。

（1）端口信号状态

激光接收器的 36 片光电池分成 4 列，每一列由 9 片光电池组成，共分成 5 组。来自激光接收器的 5 组信号输入分别接至单片机的 P1.0 ~ P1.4，程序通过读取 P1 口的状态值来判定激光接收器的位置偏差状态。

由于激光束的直径大于光电池之间的安装间距（2㎜）而小于光电池的长度（2㎜），所以在任一时刻至多有两片光电池同时接收到激光信号，因此 5 组信号输入共组成 9 种有效端口状态。

（2）软件流程图

系统初始化后，首先进行液压系统控制模式的检测，若检测到为手动模式，则返回循环检测，直至检测到为自动模式才继续执行后续程序。后续程序的主要功能是接收自动模式下来自激光接收器的端口信号状态，判定激光接收器与激光基准参照平面的位置偏差状态，根据不同的位置偏差信号，给出基于模糊控制规则的控制信号，并驱动信号指示灯。

（五）液压系统

液压系统的主要功能是通过驱动液压油缸的伸缩使平地铲运设备升降，将控制器产生的电信号转换为机械控制，实现高精度的土地平整，其性能在很大程度上决定了激光控制平地设备的平整精度。

针对拖拉机自身是否配备液压输出系统，激光控制平地系统中的液压系统可以采用两种方式，即内置式和外置式液压系统。

1. 内置式液压系统

所谓内置式液压系统，是指针对配备液压输出的拖拉机，直接利用拖拉机本身自带的液压输出系统作为激光控制平地系统的动力来源，并在此基础上增加一个集成式的液压控制阀用来控制液流的压力、流量及流动方向。

工作过程中，当平地铲低于基准平面时，举升电磁控制阀 1 通电，下降电磁控制阀 5 断电，此时，拖拉机液压泵输出液压油，经举升电磁控制阀 1、举升速度调节阀 2、单向阀 3、出油口进入平地铲控制液压缸，推动平地铲上升。当平地铲与基准平面一致时，举升电磁控制阀 1 断电、下降电磁控制阀 5 通电，平地铲液压缸的液压油经过下降速度调节阀 4、下降电磁控制阀 5、电磁换向阀 8 回油箱，平地铲在重力作用下下降。当平地铲锁紧和下降时，卸荷阀 9 在控制油液压差的作用下处于导通状态，拖拉机液压泵输出的液压油经卸荷阀 9 回油箱，实现卸荷。当平地铲上升时，卸荷阀 9 两侧控制油液的压力相同，在弹簧力的作用下阀芯处于封闭状态。

2. 外置式液压系统

所谓外置式液压系统，是指针对没有配备液压输出的拖拉机，通过增加齿轮泵，利用拖拉机后动力输出轴经齿轮泵向激光控制平地铲运设备提供动力，并增加一些附属组件设计的一套独立于拖拉机的外置液压系统。

外置式液压系统主要由液压油缸、电磁换向阀、溢流阀、齿轮泵和油箱等组成。在工作过程中，当平地铲低于参考基准平面时，电磁换向阀左侧的电磁铁 1DT 通电，来自齿轮泵的液压油进入液压油缸，推动平地铲上升。当平地铲高于参考基准平面时，电磁换向阀右侧的电磁铁 2DT 通电，液压油缸的液压油回油箱，平地铲在重力作用下下降。当平地铲处于参考基准平面时，电磁换向阀处于中位卸荷状态，平地铲保持原位置。

（六）平地铲运设备

平地铲运设备是通过液压系统进行反馈控制的，主要用于完成土方的切削、推移、混合、回填及铺平等操作。根据实际农田作业情况的不同，平地铲分为旱田平地铲和水田平地铲两种。

1. 旱田平地铲运设备

旱田平地铲主要用于旱田平整作业。平地铲由牵引架、铲斗、双向调节螺杆和支撑轮组成。其中，铲斗包括矩形框架、后侧与两侧挡板，后侧挡板板身为弧形，与两侧挡板相连接固定于矩形框架后端。铲斗通过牵引架与拖拉机相连，矩形框架上固定有激光接收器桅杆，用来安装激光接收器。后侧挡板与支撑轮架的一端连接，支撑轮架的另一端通过连接轴连接着支撑轮。支撑轮中间的连接轴与油缸相连接，通过液压控制油缸的进油和出油能够控制平地铲的升降，实现刮土、削平、卸土和填充等功能。具有合理入土角度及形状的平地铲能够提高平地作业的效率和平整精度。

2. 水田平地铲运设备

水田平地铲适用于南方的水田平地作业。平地铲通过三点悬挂的方式与拖拉机相连接，利用两个双作用的油缸代替三点悬挂装置中的两个提升杆。控制器对激光接收器和角度传感器的信号进行处理，通过两个双作用的油缸实现平地铲的升降控制和平衡控制，从而保证平地作业过程中，平地铲的铲刀始终与参考平面保持平行，提高平地作业精度。与旱田平地铲相比，水田平地铲的铲斗较小，但长度较旱田平地铲长，平地作业时刮土面积比旱田平地铲大。

第二节 三维地形测量技术与装备

从项目监管、验收的角度看，农田土地平整技术面临的最大难题是如何方便、快捷地对平整精度做出评价，在此基础上才能评判土地平整工程施工是否达到了预期目标。传统现场评价方法通常只能通过目视给出大概判断，不能进行精确评价。快速评价农田平整精度的前提是要快速获取足够多的农田点位高程数据。农田地形的测量对作业人力投入、平地土方量精确估算和土地平整效果评价影响显著，在实施大规模土地平整作业时已成为制约现代土地平整高新技术应用的瓶颈。

一、便携式三维地形数据采集器

系统工作时，采集器利用 GPS OEM 板或成品 GPS 接收系统获取平面坐标和高程坐标，根据精度需求亦可增选连接姿态方位参考系统 AHRSO。为方便用户操作，设计了键盘输入功能，用于输入控制命令。采集器所获取的 GPS 数据经解析后，实时地显示在液晶屏上，并同步存储在U盘中，以便用户对数据进行后续处理与分析。

总体设计的基本原则包括：

1. 便携式设计：硬件设备体积应尽可能小，携带方便，适于单人测量。

2. 傻瓜式设计：系统的硬件和软件设计都应坚持傻瓜式设计，操作简单，易学易用，便于推广。

3. 智能化设计：系统应尽可能地自动完成一些程序性的工作，以提高工作效率，如根据测量点的信息自动求出高程的最大值、最小值及平均值等。

4. 低成本设计：系统要大面积推广，必须同时具备高效能、低成本的特点，系统本身的成本要低，系统使用的成本也要低，才能体现系统自身的优越性。

（一）系统硬件设计

根据功能的要求，便携式三维地形数据采集器的硬件设计主要以ARM9微处理器为核心，配合相应的外围设备，实现三维数据的实时采集、处理、显示和存储等功能。系统硬件由ARM9微处理器S3C2440，NAND Flash和SDRAM存储器，电源转换及复位电路，LCD液晶显示，矩阵键盘电路，RS232或TTL串行通信接口，JTAG仿真调试接口，USB存储模块组成。

采集系统以ARM9微处理器S3C2440为主控芯片，除最小系统所需电路外，还扩展了LCD、USB读写模块、AHRS姿态传感器、GPS及键盘接口电路。

1. S3C2440微处理器

S3C2440是三星公司的一款32位RISC处理器，为手持设备和一般类型应用提供了低功耗、低价格、高性能微处理器的解决方案。S3C2440使用ARM920T内核，采用MMU、AMBA（高性能微控制器总线结构）和哈佛高速缓冲体系结构，同时还提供了丰富的内部设备。

系统选用S3C2440微处理器的原因在于：

① 130个通用I/O口和24个外部中断源可以满足系统控制外部设备的需求。

② 3个标准串口可分别用来连接GPS及AHRS。

③ JTAG仿真调试接口用于非操作系统下的外围资源测试和引导下载加载程序。

④ LCD和键盘可以满足系统人机交互的需要。

2. NAND Flash与SDRAM储存器

S3C2440支持从NAND Flash启动，NAND Flash具有容量大、价格低、写入和擦除速度快等特点，便携式三维地形数据采集器采用三星公司的K9F1208U0C-P芯片作为程序和数据存储器，K9F1208U0C-P的工作电压3.3V，单片存储容量为64MB（512字节/页 ×32

页 ×4 096块），8位总线宽度；同时，系统采用两片K4S561662J-U175芯片作为SDRAM处理器，存储容量共64 MB（2片 ×4 Banks×4M×16位），32位总线宽度。NAND Flash与SDRAM的组合可以获得很高的性价比。

3. 电源转换电路

系统电源输入范围为6.5 ~ 25V，由5V电压经LT1913IDDOPBF转换实现。LT1913系列开关稳压电路内部集成有固定振荡器，只需极少外围器件便可构成高效稳压电路，大大减少散热片的体积，且内部有完善的保护电路，包括电流限制及热断电路等。5V电压再经IL1117-3.3和LM1117分别转换为3.3V和1.3V，系统多数芯片在3.3V电压下工作，1.3V专门供给S3C2440内核使用。IL1117系列是低压差三端可调或固定输出1.8V、2.5V、3.3V、5V的正稳压集成电路，最大输入电压12V，可提供1A输出电流，输出端采用单电容来改善瞬时响应和稳定性。

4. 复位电路

由于S3C2440芯片具有高速、低功耗、低工作电压的特点，也导致其噪声容限较低，对电源纹波、瞬态响应性能、时钟稳定性、电源监控可靠性等方面提出了更高的要求。加之系统工作环境比较恶劣，可能造成系统不能正常工作。因此，系统采用MAX811T以实现电源监控和复位功能，以满足系统在恶劣环境下的正常运行。

5. LCD液晶模块与SB读写模块

系统采用北京蓝海微芯科技发展有限公司的液晶显示屏LJBZU035，该显示屏的分辨率为320×240，3.5英寸高清晰真彩屏，并带一路标准232接口，可以以简单的方式受控于S3C2440，接收并反馈S3C2440各种信息。同时，系统采用西安达泰电子有限公司生产的USB118AD型U盘作为存储器，它具有携带方便、存储量大、掉电数据不丢失、即插即用等优点。

6. GPS模块与串行接口模块

系统选用星网宇达公司的XW GPS1010-1020型GPS OEM板进行开发，它是一款面向RTK专业市场的OEM板卡（XW-GPS1010 OEM基站板、XW-GPS1020 OEM移动站板），采用单频GPS载波测量技术，具有性能优越、价格低廉的特点，适用于距离2km以内的各类静态、低成本、高精度控制测量、地形测量、工程放样。

GPS模块采用RS232或TTL串行接口与ARM9进行通信，不同的GPS模块或接收机与数据采集系统通信接口电平不一致。若采用TTL电平，可与采集器直接相连；若采用RS232电平，则须进行电平转换。系统采用MAX3232芯片完成双向电平转换。

（二）系统软件设计

便携式三维地形数据采集器主要由软件驱动支持实现GPS数据的获取和高程信息的输入，完成农田三维地形信息的快速测量，并将采集的数据进行可靠存储和实时显示。具体功能如下：

1. 键盘控制功能：输入控制命令。

2. GPS数据采集功能：接收并处理符合NMEA-0183标准的GPS数据。

3. 液晶显示功能：实时显示GPS的经纬度、高程信息、差分状态、卫星数目以及键盘输入的控制命令，以供用户了解自身位置和系统工作的情况。

4. 数据存储功能：将采集到的GPS数据和高程信息进行处理，存储到U盘中。

5. AHRS校正功能：校正因天线晃动引起的测量误差。

系统一般包括如下模块。

1. 键盘输入子程序

本系统的4×4矩阵式键盘工作方式采用查询方式，即只有在键盘有键按下时，才执行键盘扫描并执行该键功能程序。若无键按下，将执行其他功能程序。

子程序使用软件延时的方法消除按键抖动影响，并依次将列线置为低电平，即在置某根列线为低电平时，其余列线为高电平。在确定某根列线置为低电平后，再逐行检测各行线的状态以确定闭合键的位置，得到闭合键对应的键码以后，继续延时并判断按键状态，直到闭合的按键被释放，再根据键码转到相应的按键处理子程序中。

2. GPS数据采集子程序

GPS数据采集子程序主要实现对GPS数据的接收与解析。通过串口获取GPS定位数据，解析GPS定位数据标准语句格式NMEA-0183，并将有效信息提取出来，实时显示给用户。

3. 液晶显示与U盘存储子程序

系统的液晶模块与ARM9之间采用串口进行数据传输。液晶模块提供了丰富的操作命令，利用这些指令可以实现各个显示功能。同时，系统采用了U盘文件读写模块。在使用U盘文件读写模块之前，须根据其与微处理器的接口来选择具体的配置。在功能配置状态下，只要用USB对连线连接计算机的USB端口和模块的USB端口，就可以对模块进行在线程序升级和功能配置。

便携式三维地形数据采集器在价格上和质量上有着突出的优势，能较好地完成三维地形测量的任务，节省大面积地面高程测量工作的人力消耗，提高土地平整作业的效率。

二、车载式三维地形自动测量系统

便携式三维地形数据采集器适用于小面积、较高精度的测量，但对于大面积地块来说，将会耗费大量的时间和人力，效率明显降低。针对便携式三维地形数据采集器在大规模农田地形测量时存在的不足与缺陷，开发了车载式三维地形自动测量系统，旨在提供一种农田地形自动测量的有效解决方案。

在便携式三维地形数据采集器和激光控制平地系统的研究基础上，采用功能模块化和集成化的设计理念，分为四个独立的部分：控制器、GPS 接收系统、激光测量系统以及液压控制系统。激光测量系统将接收到的激光信号进行处理与编码后传送给控制器；控制器作为系统的控制终端和信息处理平台，负责将采集到的 GPS 信息和高程信息融合后进行显示与存储，并根据接收器传输的偏差信号控制液压系统的动作；而液压控制系统根据控制器的输出信号控制平地铲的升降实现平地作业。

（一）激光测量接收系统

激光测量接收系统是整个系统的重要组成部分。激光发射器在作业面上方扫射激光束形成一个水平激光束基准面，激光接收器实时接收微弱低频的激光束信号，经过处理，传送信号给信号编码器。

激光接收器是在激光控制平地系统的激光接收器的基础上进行改进与优化设计得到的。最外层采用红色有机玻璃作为透光窗口；利用干涉型滤光片对光信号进行滤波，滤除波长在红光波长以外的光信号；采用硅光电池作为光电信号转换的传感器，将激光信号有效地转换成电信号；后续的放大部分实现对微弱信号的放大；在脉冲整形部分采用比较器和触发器实现脉冲信号到数字 TTL 信号的转换，以及频率较高的信号转换成频率相对较低的方波信号，最后传送给信号编码器。

1. 激光信号的滤光处理

激光测量接收系统的入射光源主要有激光发射器扫射的激光束和自然光。激光发射器扫射的激光束十分微弱，功率不到 $1mW/cm^2$，而太阳光经过大气衰减后到达地球表面的辐射功率仍有 $1\ 000mW/cm^2$ 以上。同时光电传感器在入射光强较大的情况下容易饱和，大幅度降低传感器的灵敏度，因此，在进行光电转换之前，须安装滤光片进行合适的滤光处理。激光接收器选用了在红色玻璃表面进行镀膜的方法制作干涉型滤光片。

2. 光电转换

入射光经过组合滤光后，须通过光电探测器将光信号转换为电信号，才能被后续电路处理。光电探测器是一种能够将光信号转换成电信号的敏感元件，能够在较短的时间内对光信号做出反应。激光接收器采用了国产 2CR93 硅光电池作为光电探测器，其受光面积大，具有良好的响应特性。

3. 信号放大电路

硅光电池接收到的激光信号非常微弱，将硅光电池作为电流源使用时，转换后的输出电流信号也很微弱，易受干扰和噪声的影响，因此，须设计良好的低噪声前置放大电路对微弱的电流信号进行放大，以驱动后续电路工作。但若过于提高前置放大器的放大倍数和带宽将会使噪声增加，从而限制电路的信噪比，因此前置放大器的放大倍数不能无限大，所以设计了主放大器继续对信号进行放大以减小电路中的噪声，提高电路的信噪比，供后续电路处理。

4. 脉宽整形电路

脉宽整形电路采用 LM339 比较器对信号放大电路输出的尖脉冲信号进行整形，整形电路输出信号脉冲宽度较窄（微秒级），为了提高信号传输的可靠性，将该脉冲信号进行展宽。脉冲展宽电路利用可再触发单稳态触发器 MC14538B。该触发器有两种触发方式：上升沿触发、下降沿触发。设备采用了下降沿触发的工作方式。

5. 激光测量接收器结构与外壳设计

激光测量接收器由 4 个独立测量接收单元组成，每个测量接收单元使用 32 片硅光电池，分成 8 层 4 列。水平方向上接收层中相邻的硅光电池两两垂直安装在金属剪板的同一高度，4 个金属剪板制作合成“口”字形，使有效接收角度达到 360°。

垂直方向上，4 块接收单元依次陈列排布，每个单元列布置 8 片硅光电池，因此总体每列 32 片硅光电池。测量单元内的光电池具体分布如一个硅光电池长度为 20mm，相邻硅光电池以及相邻接收单元的安装间隔为 2mm，因此激光测量接收器总体的垂直工作范围可达到 70.2cm。

（二）信号编码器

激光测量接收系统最多可支持 4 个激光接收器的输入，共 32 路信号。信号编码器的作用是将 32 路信号进行编码后传送给控制器，以节省 I/O 口资源和降低系统成本。信号编码器主要由数据编码器和数据选择器组成，通过信号编码器将 32 路信号编码成 8 路位置信号和 4 路接收器工作状态信号。

每个激光接收器的输出是 8 路信号，只要其中 1 路信号有效，就代表该接收器处于工作状态。选用 4 个 74153（双四选一数据选择器），将 4 个接收器的工作状态进行 4-2 编码，以方便确定信号的来源。通过数据编码器的输出信号BA作为两位地址码产生4个地址信号，分别控制4个激光接收器上对应位置信号的关闭。

（三）控制器

控制器是系统的监控与操作中心，根据系统的需求，控制器应具备测量与平地两种工作模式。测量模式下，系统接收并解析GPS数据、接收信号编码器的输出信号并计算出相对高度、液晶显示三维信息、U盘存储数据、LED指示激光接收器相对位置；平地模式下，系统根据激光接收器输出信号控制液压系统来实现平地铲的升降、LED指示激光接收器相对位置、实现手动／自动模式的切换。

1. 控制器硬件电路

控制器在激光控制平地系统中所用的控制器基础上进行了功能的扩展。考虑到车载移动对GPS测量精度的影响，本研究将GPS模块接口设置为标准的串行RS232接口，用户可以根据要求连接不同精度的GPS接收机（GPS4700或者132等），也可以连接低成本的GPS OEM板，但须注意接口的电平类型。

其中，当采用平地模式时，对平地过程中的某些异常情况须手动控制。例如当平地铲中土量过多超出液压系统能力时，须强制卸载，这时接收器输入信号将失去作用。因此系统中设计了手动／自动控制切换按键。系统共有两路输出信号控制液压系统，分别控制平地铲的上升与下降，为了保护液压系统，须对输出信号进行互锁，即每一瞬间只有一路输出信号有效。同时，手动／自动选择信号也须进行互锁，即手动控制时屏蔽自动控制信号，而自动控制时手动控制信号不起作用，以防止液压系统的误操作。在对输出信号进行软件互锁的同时，系统中设计了互锁电路，互锁电路由74LS04（非门）、74LS08（与门）和74LS32（或门）组成，该电路可以防止输出电路发生冲突现象。

2. 控制器软件系统的总体结构

控制器软件主要完成GPS数据的接收与处理、高程信息的实时处理、LCD和LED的实时显示、数据存储和液压控制系统的控制等5项任务。其中，高程数据的处理是控制器软件设计的关键。由于激光束直径小于硅光电池的长度，因此在任意时刻32路激光信号只可能出现以下几种情况：①某一路信号出现高电平，同时其他路信号为低电平；②某两路相邻的信号同时出现高电平。

液压系统是控制器的最终执行机构，当系统工作于平地模式时，控制器根据接收到的信号编码器信号判断出激光接收器基准标高位置偏离激光束的大小和方向，将修正信号输送给液压阀，用来驱动平地铲上升或下降，使得激光测量接收系统的基准标高位置维持在正确的标高位置。

液压驱动子程序系统初始化后实时检测是否有信号输入，当有信号输入时，首先判断输入信号是否有效。如果无效，重新读取输入信号，否则进行查表，输出相应的控制信号，并通过指示灯显示激光接收器基准标高位置偏离激光束的大小和方向。

三、基于 GPS 与姿态传感器校正技术的三维地形测量系统

基于 GPS 与姿态传感器校正技术的三维地形测量系统主要包括两大部分：数据采集和数据处理。数据采集即利用 GPS 接收机或 GPSOEM 板获得水平坐标及高程数据，并用 AHRS 获取车辆行进时的俯仰角和横滚角参数，将采集到的数据传回计算机或数据采集终端，这是三维地形测量系统的基础。数据处理即从采集到的数据中，按校正公式对获得的数据进行分析处理，得到输出结果，这是三维地形测量系统的关键。三维地形测量就是依据采集到的 GPS 和 AHRS 数据，经过分析处理，从中提取得到准确的三维地形信息。

系统主要由 GPS 接收系统，AHRS 姿态传感器和计算终端三部分组成。测量作业时，GPS 接收系统提供平面坐标及高程坐标（X，Y，Z），AHRS 姿态传感器提供横滚角、俯仰角和航向角，系统将 GPS 接收系统和 AHRS 姿态传感器传回的数据进行分析处理，经计算后显示并存储。

（一）GPS 接收系统及 AHRS 姿态传感器

GPS 接收机输出的定位信息是标准的 NMEA-0183 语句格式，采用异步串行传送方式。根据串行通信协议，通信参数的设置标准为 8 个数据位、1 个起始位、1 个停止位，无奇偶校验，可根据需要选择波特率。输出采用 ASCII 字符码，主要语句格式达十多种，包括 GGA、GSA、GSV、RMC、RMT 和 VTG 等。这些语句不仅给出了位置、速度、时间等信息，而且可以指出当地的卫星接收情况。

在 GPS 定位中，通常采用的坐标系统为地球坐标系。地球坐标系是固连在地球上的，随地球一起转动，故又称为地固坐标系，对表述点的位置和处理 GPS 观测成果十分方便。地固坐标系有多种表达形式，对 GPS 测量来说，最基本的是以地球质心为原点的地心坐标系。

GPS 接收机输出的坐标是 WGS-84 地心大地坐标经纬度，该坐标反映了地球表面各点的空间分布，以度为单位，不方便直接用于地面导航。为使 GPS 定位数据能够用于导航控制系统，一般要将椭球面上各点的大地坐标，按照一定的数学规律投影到平面上，并以相应的平面直角坐标表示。目前，世界各国通常采用高斯投影变换。高斯投影是一种横轴、

椭圆柱面、等角投影。椭圆柱面与地球椭球在某一子午线上相切，该子午线叫作投影的轴子午线，也就是平面直角坐标系的纵轴，赤道面与椭圆柱面相交，成一直线，这条直线与轴子午线正交，就是平面直角坐标系的横轴。把椭圆柱面展开，就可得出平面直角坐标系。

同时，在实际农田应用中，由于田间环境复杂，农用车辆在田间行走时道路颠簸较大，致使固定在农用机械上的GPS天线有较大晃动，从而测得的GPS数据误差增加，定位精度下降。因此，须通过补偿来降低天线倾斜对定位精度的影响，以减少定位误差。使用AHRS姿态传感器获得横滚角、俯仰角和航向角等信息，通过这些信息和GPS测得的天线位置信息，可以计算出天线的准确位置，从而对其进行补偿。

（二）软件系统的总体结构

在测量地形过程中，数据的采集、定位信息的提供等功能均须通过软件系统来实现，软件系统是整个自动导航系统的核心，其设计要求具有实用性、易用性和可靠性的特点，不仅要为用户提供友好的操作界面，更要满足实际的需要，保证系统稳定、可靠地运行。软件系统的总体结构设计主要围绕测量系统的功能展开，在测量方法、校正方法的基础上，设计的软件系统。

通过友好的人机交互界面，可实现采集并存储地形数据、查询存储历史数据、实时显示测量信息等功能。数据采集包括GPS接收机和AHRS的信息采集，通过多串口获取车辆水平位置信息、高程信息、航向角、横滚角、俯仰角。

1. 软件系统的数据通信

三维地形测量系统须同时处理的任务较多，数据量较大，系统所使用的传感器包括GPS接收机和AHRS。GPS接收机和AHRS与工控机通过具有RS-232C标准的串行通信接口进行连接，工控机通信主要通过RS-232C异步串行通信方式解决，由于系统所要求的实时性较高，因此，在软件系统设计时采用多串口通信方式。为避免串口接收之间的冲突，采用不同的串口完成接收功能，以保证所传递数据的准确性。整个三维地形测量系统涉及2个串口：一个与GPS接收机相连，主要获得车辆的位置信息和高程信息；另一个与AHRS相连，主要采集车辆的航向角、横滚角、俯仰角。GPS及AHRS输出信息均具有特定格式，因此须通过解析提取有用信息。

GPS数据的采集采用异步串行传送方式，所使用的串行通信参数为：数据传输率9 600bit/s，数据位8bit，停止位1bit，无奇偶校验。GPS接收机输出的语句遵循NMEA0183协议，用十进制ASCII码表示，输出频率为1Hz。根据系统功能，不需要使用语句的全部内容，仅从语句中提取出定位数据，即经纬度信息，然后将经纬度坐标转换到高斯平面坐标系下，便于坐标系的统一。

AHRS 提供 3 种格式的方向角输出，分别是四元、矩阵和欧拉角度。根据需要，选择欧拉角度作为输出，横滚角（roll）在［-180°，180°］，俯仰角（pitch）在［-90°，90°］，航向角（yaw）在［-180°，180°］。设置相应的语句格式，使 DATA 数据中的数据为欧拉角度，其数据格式为 TS（time Stamp）为时间标志。按顺序将 roll、pitch、yaw 值取出，其值为度而不是弧度。

系统采用 RS232 串口接收 AHRS 数据，并按照数据格式解析出所需的姿态信息。在解析过程中，内部获得数据并进行积分，最多需要 6.43ms，传输数据的时间最多是 0.41ms。因此，通过姿态传感器获取信息最多需要 6.84ms。通过以上分析可以看出，系统可灵活控制数据的采集和指令的输出。

2. 测量数据的保存与显示

地形测量系统中包括多种传感器，在测量的过程中须采集大量数据信息。为方便进行试验结果的分析，验证理论及算法的可行性，须保存各种实时接收的数据和采用不同方法时每一步的试验结果。系统须保存的数据包括车辆水平位置信息、高程信息、航向角、横滚角、俯仰角以及校正后的水平位置、高程信息。由于系统要求较高的实时性，数据的存取速度将直接影响到系统的控制性能，因此，选择操作简单、存储快速的文本文件进行数据的保存；数据的显示方面，该地形测量系统的软件界面能够实时显示系统状态信息，显示的内容主要包括原始经纬度、高程信息，车辆航向角、横滚角、俯仰角、实际经纬度、高程信息。

第六章 农业机械维护技术

第一节 耕整地机械的维护技术

一、概述

（一）土壤耕作的目的

耕地是作物栽培的基础，耕地质量好坏对作物收成有显著影响。耕地的目的在于耕翻土层，疏松土壤，改善土壤结构，使水分和空气能进入土壤孔隙，并覆盖杂草、残茬，将肥料、农药等混合于土壤内，以恢复和提高土壤肥力，消灭病虫草害。

用铧式犁耕地后，由于土垡间存在较大空隙，土块较大，耕作层不稳定，地表也不够平整，不能满足播种或栽植的要求。还须进行整地作业，以进一步破碎土块，压实表土，平整地表，混合肥料、除草剂等，为播种、插秧及作物生长创造良好的土壤条件。

（二）耕整地机械的种类与特点

机械化耕整地作业对于不同农业生产的任务需求不同，常规的耕整地作业包括灭茬、杂草处理、翻地、松土、整平、作畦、起垄等工作任务，部分地区还须进行深松、深翻等作业，机械化耕整地的主要目的是改善农业生产的土壤条件，使土壤达到后续播种或插秧的标准状态。耕整地作业所应用的机型种类很多，常见的包括铧式犁、旋耕机、圆盘耙、微耕机、深松机等，随着技术的进步也随之出现了很多技术优化的机型，例如振动深松机、动力耙、联合整地机等，使农业生产的科学性得到了显著提升。

在农业耕整地过程中，不同的耕整地机具能够适应不同的农业生产需求，也具有自身的作业特点，农民应根据需求合理选择耕整地机具。从常用机型来看，铧式犁是我国应用时间最长的翻耕机具，具有结构简单、售价较低的优点，且机具配套较为完善，适合与中小马力拖拉机配套完成切土碎土的工作，但作业效率较低，单位面积拖拉机作业的功耗较大；旋耕机是利用可转动的旋耕刀组进行松土，由于机具旋转作用使拖拉机的负载显著降低，适合配套中大马力拖拉机进行大面积、高效率作业，旋耕机不仅能够翻耕和细碎土壤，还能进行灭茬、除草等工作，适应能力较强，碎土效果优良；动力耙利用拖拉机提供的动力实现耙体工作部件的运转，能够实现表层土壤的细碎和整平工作，并能实现对地表杂草和秸秆等的均匀化处理；联合整地机是将传统的耕整地机具功能进行集成，能在作业中一次完成灭茬、翻耕、深松、整平、镇压、起垄等多项任务，且能够根据需求进行功能选择，具有良好的工作效果，但其售价相对较高，适合大面积高效率生产使用。

二、耕整地机械的规范使用

（一）安装与调整工作

合理的安装与调整是耕整地机具性能发挥的基础保证。现阶段使用的耕整地机具多需要与拖拉机配套安装，机具安装时，应在平坦结实的场地进行，将拖拉机行驶到适当位置后，再移动耕整地机具与拖拉机的后悬挂进行连接。注意首先应将后悬挂两侧的下拉杆与机具固接，然后再连接液压装置。部分机具还须通过万向节传动轴将拖拉机的动力输出与机具相连接，安装时注意万向节的安装方向和可伸缩长度，避免万向节安装不当造成机具损坏。传动部分连接完成后可将拖拉机后悬挂上拉杆与耕整地机具连接。安装完成后要重点进行两方面的调整工作：一是调整机具的水平状态，主要是控制液压系统将耕整地机具下降至贴近地面，调整左右拉杆使机具左右两侧与地面的距离基本相同，则完成左右方向水平调整，前后方向的调整由于不同机型所需状态不同，应根据机型要求通过调整上拉杆达到作业要求；二是机具提升高度限定调整，通过调节手柄做好最高提升位置限制设定，确保作业过程的安全性。

（二）试耕与作业状态检查

在正式进行耕整地作业前，应先进行试耕作业。试耕作业的过程有利于使用者充分了解机具的作业性能和特点，并对机具的作业状态进行再次检查与调整。以农业生产中常用的旋耕机作业为例，试耕作业首先要在机具静止状态检查好关键部件的紧固情况，并对旋耕刀进行检查，避免存在刀片损坏或弯曲等问题。确认无误后开始试耕作业，试耕作业要完成指定长度的作业，然后检查耕整地的作业质量，并对耕深、镇压效果等重要参数进行验证或再次调整，试耕作业与调整工作可进行多次，直到机具状态符合要求方可进行大面积作业。

（三）操作规范及注意事项

第一，在正式作业前机具大多处于升起状态，作业开始时，应先将动力输出轴动力结合，使配套机具动力连通，动力机具的工作部件运转后，再控制液压系统缓缓下降，并同时缓慢抬起离合器使拖拉机稳步前行，直到机具达到规定耕深或指定速度，再逐渐加大油门至标准工作速度，进行标准化作业；第二，在耕整地作业时，为避免出现漏耕、重耕等问题，应在操作拖拉机时保持匀速直线行驶，并按规定的行驶路线和行距间隔作业；第三，当机组到达地头位置前应提前将机具升起，并减小油门，充分考虑机组长度进行转弯操作，此外，过沟埂时，应将耕整地机具操作手柄放在分离位置，避免颠簸导致机组损坏；第四，作业过程中要密切注意机具的工作状态，出现异响、振动或牵引力突然变化等情况，必须立刻停车检查，检查时动力必须切断，将机具升起一定高度后锁定，拖拉机熄火；第五，如果机具要进行道路转移，应将机具升起后锁定位置，避免长途公路行驶造成机具的损坏。

三、耕整地机械的规范保养

规范的保养工作是保证耕整地机具正常使用的前提，更有利于农业生产安全、可靠、高质量的实施，耕整地机具的规范保养主要包括三方面内容。

（一）日常保养工作

日常保养的工作重点是对机具状态的检查与调整，并对重要的部位进行清理与润滑。从耕整地机具的实际应用来看，在进行每日的工作前，应对易于松动或损坏的螺栓、卡销、刀片、铲刃等进行检查，发现螺栓松动及时紧固，发现刀片、铲刃等损坏或丢失应及时更换或补充，并对易磨损的部位进行磨损程度的检查。发现刀片、铲刃磨损严重也应对其进行更换，注意更换过程要根据机具要求进行。例如旋耕机的刀片安装应呈对称排列，不得随意安装影响作业效果。要及时清理犁刃、铲柄、旋耕刀片等位置的泥土、秸秆和缠草等杂物，并检查传动机构的润滑情况，发现润滑油缺失或泄漏应及时添加或修理。

（二）定期保养工作

耕整地机具应按照厂家的要求定期进行规定项目的保养工作，保养前应对机具进行细致的清理，重点清除油泥等杂物，做好传动箱齿轮油的更换工作；检查重要传动配合部件的工作状态，必要时进行重新调整或修理；检查轴承等位置的工作状态，若轴承润滑不良，应对其进行清洗后重新涂抹润滑脂；检查整机的机架、板壁有无变形，必要时更换或修复。

（三）存放前的保养工作

作业完成后在对耕整地机具进行存放前，也必须先做好细致的清洁工作，并对脱漆、破损、变形等位置进行适当修复。对于没有漆面覆盖的金属部件应涂油防锈，以延长机具使用寿命。耕整地机具的存放应尽量选择库棚停放的方式，尽量不要长期露天放置，若不具备库棚停放条件，也必须将机具垫起，妥善遮盖后再进行存放。

随着我国耕整地机具技术的不断完善，农民只要做好机具的使用与维护知识学习，切实提高自己使用机具的能力，机械化耕整地的质量还将得到大幅度的提升，配套机具的使用寿命也将得到有效延长，对于农业生产的经济效益和成本控制都具有积极的意义。

第二节 播种机械的维护技术

播种是农业生产过程中关键性的作业环节，良好的播种质量是保证苗全、苗壮的前提。用机械播种不仅可以减轻劳动强度、提高功效、保证质量、不误农时，而且也为后续田间管理创造良好的条件。

一、传统播种机的维护技术

（一）一般构造和工作过程

1. 谷物条播机的一般构造和工作过程

我国生产的谷物条播机，均为能同时进行施肥的机型，一次完成开沟、排种、排肥、覆土等作业，故其一般构造主要由机架、种肥箱、排种器、排肥器、输种（肥）管、升沟器、覆土器、行走轮、传动装置、牵引或悬挂装置、起落及深浅调节机构等组成。

工作时，播种机由拖拉机牵引行进，开沟器开出种沟，地轮转动通过传动装置，带动排种和排肥器，将种、肥排出，经输种（肥）管落入种沟，随后由覆土器覆土盖种。

2. 中耕作物播种机的一般构造和工作过程

我国目前生产的中耕作物播种机，大多数是播种中耕通用机，既可播种，也可通过更换中耕工作部件后进行中耕作业。其结构为：主梁和地轮作为通用件，主梁上按要求行距安装数组工作部件，每组工作部件由开沟器、排种器和覆土镇压装置等组成。工作时，播种机随拖拉机行进，开沟器开出种沟，地轮转动通过传动装置带动排种器排种，种子经排种口排出，成穴地落入种沟，然后由覆土器覆土，镇压轮压实。

（二）调试

播种机播前主要技术指标的调整：播种量、入土深度、排种舌、行距、行数。满足适时播种、播量符合要求、播种均匀、播深一致并符合要求、行距一致、不损伤种子、无重播、无漏播、能同时施种肥等要求。

1. 根据播种量的需要，通过更换链轮选择合适的传动比。大播种量用大传动比，小播种量用小传动比。

2. 播种量的调整是通过改变排种轮的工作长度来实现的。将播种量调节手柄左右转动可改变排种轮的工作长度，播量调节手柄拨至“0”的位置，如不正确，可松开该排种轮和阻塞套的挡箍一起移至正确位置，再将挡箍的端面紧贴排种轮和阻塞套固定紧。根据播量需要扳动调节手柄至相应的播量，并拧紧螺栓固定播量调节手柄。

3. 开沟器入土深度的调整。开沟器是靠弹簧压力和自重入土的，弹簧压力越大，开沟器入土越深。应根据播种深度和土壤硬度改变弹簧的压力，调整合适的开沟深度。调整时，应使各弹簧的压力一致，使开沟器深度相等。

4. 排种舌的调整。根据种子颗粒大小不同，适当调节排种舌的开度。大粒种子排种舌开度应大，反之应小，调整后固定排种舌的位置。

5. 行距的调整。调整时，从主梁中心向两侧进行。行距以开沟器铲尖之间的距离为准。调整适当后拧紧螺栓。

6. 行数的调整。如需要少于播种机的行数时，应将多余的开沟器、输种管卸下，用盖种板在种箱底部盖住排种孔，再按需要适当调整行距即可。

（三）保养

1. 播种机各部位的泥土、油污必须清除干净。将种肥箱的种子和肥料清除干净。特别是肥料箱，要用清水洗干净、擦干后，在箱内涂上防腐涂料（塑料箱除外）。

2. 检查播种机是否有损坏和磨损的零件，必要时可更换或修复，如有脱漆的地方应重新涂漆。

3. 新播种机在使用后，如选用圆盘式开沟器，应将开沟器卸下，用柴油或汽油将外锥体、圆盘毂及油毡等洗净，涂上黄油再安装好。如有变形，应予以调整。如圆盘聚点间隙过大，可采用减小内外锥体间的调节垫片的办法调整。

4. 将土壤工作部件（如开沟器等）清理干净后，涂上黄油或废机油，以免生锈。

5. 为了使零件润滑充分，在工作之前要向播种机各注油点注油。并要及时检查零件，保证机器正常运行。注意不可向齿轮、链条上涂油，以免粘满泥土，增加磨损。

6. 各排种轮工作长度相等，排量一致。播量调整机构灵活，不得有滑动和空移现象。

7. 圆盘开沟器圆盘转动灵活，不得晃动，不与开沟器体相摩擦。

（四）常见故障及排除方法

播种机常见故障、产生原因及其排除方法见表 7-1。

表 7-1　播种机常见故障、产生原因及其排除方法

故障种类	产生原因	
漏播	输种管被堵塞或脱落，也可能是输种管损坏向外漏种；土壤湿黏，开沟器堵塞；种子不干净，堵塞排种器	停车检查，排除堵塞，或把输种管放回原位或更换输种管；在合适条件下播种；将种子清选干净
播深不一致	作业组件的压缩弹簧压力不一致；播种机机架前后不水平；各开沟机安装位置不一致；播种机机架变形、有扭曲现象	升起播种机的开沟组件，调整播种行浅的那一组弹簧压力，保证和其他各组的弹簧压力一致；正确连接，使机架前后水平调整一致；修复并校正
播种深度不够	开沟器弹簧压力不足；开沟器拉杆变形，使入土角变小；土壤过硬；牵引钩挂接位置偏低	应调紧弹簧，增加开沟器压力；校正开沟器拉杆，增大入土角；采取提高整地质量；向上调节挂接点位置
播种行距不一致	作业组件限位板损坏或者是作业组件与机架的固定螺栓松动，致使作业组件晃动，导致播种行距不一致；开沟器配置不正确；开沟器固定螺钉松动	停止作业，检查并且紧固作业组件与机架固定的螺栓；正确配置开沟器；重新紧固螺丝
邻接行距不正确	划印器臂长度不对；机组行走不直	校正划印器臂的长度；严格走直
播种量不均匀	排种器开口上的阻塞轮长度不一致，或者是播量调节器的固定螺栓松动，导致排种量时大时小；刮种舌严重磨损，外槽轮卡箍松动、工作幅度变化；地面不平，土块太多；排种轮工作长度不一致；播种舌开度不一致；播量调节手柄固定螺钉松动；种子内含有杂质；排种盘吸孔堵塞；作业速度太快；排种盘孔型不一致	重新调整排种器的开口，拧紧播量调节器上的固定螺丝；应保持匀速作业，更换刮种舌，调整外槽轮工作长度，固定好卡箍；提高整地质量；进行播种量试验，正确调整排种轮工作长度；调整排种舌开度；把螺丝重新固定在合适位置；将种子清选干净；排除故障；调整合适的作业速度；选择相同排种盘孔型
排肥方轴不转动	肥料太湿或者肥料过多，颗粒过大造成堵塞，致使肥料不能畅通地施入土壤	清理螺旋排肥器和敲碎大块肥料
整体排种器不排种	种子箱缺种，传动机构不工作，驱动轮滑移不转动；传动齿轮没有啮合，或者排种轴头、排种齿轮方孔磨损	应加满种子，检修、调整传动机构，排除驱动轮滑移因素；应调整、维修或更换排种轴头、排种齿轮
单体排种器不排种	排种轮卡箍、键销松脱转动，输种管或下种口堵塞；刮种器位置不对；气吸管脱落或堵塞。个别排种盒内种子棚架或排种器口被杂物堵塞	应重新紧固好排种轮，清除输种或下种口堵塞物；检查传动机构，恢复正常；调整刮种器适宜程度；安好气吸管，排除堵塞。应换用清洁的种子；更换销子；拉开插板

续表

故障种类	产生原因	
排种器排种，个别种沟内没有种子	开沟器或输种管堵塞（多发生在靠地轮的开沟器上）	清理堵塞物，并采取相应措施防止杂物落进开沟器
排种不停，失去控制	离合撑杆的分离销脱落或分离间隙太小	重新装上销子并加以锁定，或调整分离间隙
播种时断时续	传动齿轮啮合间隙过大，齿轮打滑；离合器弹簧弹力太弱，齿轮打滑	进行传动齿轮啮合间隙调整；调整或更换弹簧
种子破碎率高	作业速度过快，使传动速度高；排种装置损坏；排种轮尺寸、形状不适应；刮种舌离排种轮太近	应降低速度并匀速作业、更换排种装置，换用合适的排种轮（盘），调整好刮种舌与排种轮距离
开沟器堵塞	播种机落地过猛；土壤太湿；开沟器入土后倒车	应在行进中降落农具；注意适墒播种；作业中禁止倒车
覆土不严	覆土板角度不对；开沟器弹簧压力不足；土壤太硬	应正确调整覆土板角度；调整弹簧增加开沟器压力；增加播种机配重
地轮滑移率大	播种机前后不平；传动机构阻卡；液压操纵手柄处中立位置	分别采取调整拖拉机上拉杆长度；排除传动机构故障，消除阻力；应处于浮动位置

二、机械式精量铺膜播种机的维护技术

机械式精量铺膜播种机是复式作业机具，能一次完成平地、镇压、开沟、铺膜、压膜整形、膜边覆土、膜上打孔穴播、膜孔覆土和种行镇压等多项作业，与轮式拖拉机配套使用。

机械式精量铺膜播种机主要用于棉花的铺膜播种，更换部分部件（定做或选购件）后可适用于玉米等经济作物的铺膜播种作业。

（一）结构与工作原理

1. 工作原理

机械式精量铺膜播种机与拖拉机的三点悬挂装置挂接。工作前，先将机具提离地200㎜左右，将地膜从膜卷上拉出，经展膜辊、压膜轮、覆土轮后拉到机具后面，用土埋住地膜的横头，然后放下机具。

随着机组的前进，机具前部的整形镇压辊将土壤表面压实，开沟圆盘将压膜沟开出；压膜轮随即将地膜两侧压入沟中，膜边覆土，圆盘紧接着将土覆在膜边上，将地膜压住。

随着穴播器的转动，种子在自重及离心力的作用下流入分种器，进入分种器的种子随穴播器转动到种箱顶部附近时，多余的种子回落到穴播器的底部。取上种子的分种器转过顶部约30° 时，分种器内的种子由分种器流入动、定鸭嘴内；当此鸭嘴转动到下部时，动、定鸭嘴插入土壤中，通过穴播器与地面的接触压力打开动、定鸭嘴，形成孔穴后将鸭嘴内的种子投入孔穴内；紧接着膜上覆土圆盘将土翻入覆土轮内，覆土轮在膜上滚动时覆土轮

内的导土板将土输送到种行上。至此，完成整个作业过程。

2. 结构

机械式精量铺膜播种机主要由主机架、膜床整形机构、展膜机构、压膜机构、穴播器、覆土机构等部分组成。

（1）主机架

组成：主机架由悬挂架、前横梁、顺梁及划行器支架等部分组成。

作用：主要用来连接膜床整形机构、展膜机构、压膜机构、穴播器框架、覆土轮框架及与拖拉机挂接。

（2）膜床整形机构

组成：由整形器（灭印器）、镇压辊组成。

作用：整形器用来将种床表面的干土推掉及将种床推平；镇压辊是用来将推平的种床表面压实，为铺膜播种做准备。

（3）展膜、压膜机构

组成：由开沟圆盘、展膜辊、压膜轮、覆土圆盘等组成。

作用：开沟圆盘与机具前进方向呈内八字形夹角（15 ~ 20°），随着机具的前进，开沟圆盘开出膜沟；展膜辊将地膜平展地铺放在平整好的膜床上，压膜轮将地膜两边压入开出的膜沟内，并给地膜一定的纵向和横向拉力，保证地膜与膜床贴合良好，拉伸均匀。随后膜边覆土圆盘给膜边及时覆土，压紧地膜两边，使地膜不收缩变形，从而保证种子与膜孔对正，不出现错位现象。

（4）穴播器

组成：由上种箱、输种管、下种箱组成，下种箱由动盘、定盘、动鸭嘴、定鸭嘴、分种器等部分组成。

作用：穴播器的作用是将种子准确地播到种床里。

（5）膜边覆土机构

膜边覆土由覆土圆盘来完成。覆土圆盘将土及时地覆在铺好的地膜上，可防止地膜左右窜动和孔穴错位。

（6）膜上覆土机构

作用：膜上覆土圆盘将土导入覆土轮内，随着覆土轮的转动，覆土轮内的导土片把土输送到各个出土口，覆盖在种孔带上，种孔带镇压轮对种孔带进行镇压。

（二）调整

1. 整机的调整

各工作部件必须以每一工作单组的中心线为基准且左右对称来安装、调整。否则，铺膜质量得不到保证，行距也会发生变化。

2. 行距的调整

机械式精量铺膜播种机的行距是指两个穴播器鸭嘴的中心线之间的距离。铺膜播种机使用前，应根据农艺要求进行行距的调整。具体调整步骤如下：

（1）调整各单组机架之间的距离，保证各单组机架之间的距离一致。调整时，先松开主梁的连接螺栓，左、右移动各单组机架，保证各单组机架之间的距离在规定的范围内。

（2）调整穴播器之间的距离。调整时，先松开后梁上的 U 形螺栓、螺母，左、右移动穴播器框架总成，使之达到规定的距离。同时，应注意以整机的中心线为基准，由主梁中心向左右逐一调整。

3. 整形器（灭印器）的调整

调整整形器时，应根据土壤情况而定。一般调整两次。第一次进行整体粗调，第二次进行微调。土壤疏松时，松开整形器的紧固螺栓，以镇压辊下平面为基准，将整形器下调 15 ~ 30mm，整形器的前顶端要向上抬头 5 ~ 10mm，调整好后拧紧整形器紧固螺栓。黏性土壤，土块比较多时，以同样的方法进行调整，整形器往下调整 15 ~ 40mm。

短距离运输位置：拧松整形器紧固螺栓，将整形器移动到最上边的位置，将紧固螺栓拧紧。

4. 穴播器的调整

（1）鸭嘴

鸭嘴必须紧固可靠，不得有杂物、泥土、棉线等堵塞进种口及输种通道；活动鸭嘴必须转动灵活，无卡涩现象，否则应进行修理或更换。动、定鸭嘴开启时，其开口间隙应在 12 ~ 15mm；动、定鸭嘴闭合后，其开口间隙应不大于 1mm。否则应用手钳予以调校。

（2）下种量的调整

种量应保证在 2 ~ 5 粒 / 穴的范围内。如不符，应进行调整。改变分种器尾部充种三角区容积的大小可调整下种量。下种量与分种器尾部充种三角区容积的大小成正比，充种三角区容积增大，则下种量也增大。

调整方法：松开穴播器紧固螺栓，打开穴播器，把穴播器内的分种器取出，将分种器缺口处用钳子夹小或放大，然后按原位置固定即可。

5. 开沟圆盘的调整

调整开沟圆盘前，应先确定膜床宽度，一般为地膜宽度减去 15 ~ 20cm。先调整开沟圆盘的角度和深度，从后往前看开沟圆盘呈内八字形且与前进方向各呈 17 ~ 20°，根据土壤情况，圆盘入土深入地表一般在 50 ~ 60mm。调整时松开顺梁上的卡子紧固螺栓，上下左右转动大立柱，即可实现深度和角度的调整；松开大立柱上的紧固螺栓即可左右移动开沟圆盘，实现圆盘之间的距离调整。

6. 覆土量的调整

覆土量的大小与覆土圆盘的入土深度、左右位置、角度、土壤结构、播种速度等均有关系，要根据具体情况来做调整。圆盘的角度、深度加大，覆土量增多；反之则减少。种孔覆土厚度应在 10 ~ 20mm，覆土宽度应在 40 ~ 60mm。

深度调整：拧松圆盘固定管紧固螺栓，根据需要移动圆盘调整管至所需位置。

角度调整：松开圆盘轴固定螺栓，转动调整管使两开沟圆盘呈合适角度，拧紧紧固螺栓。

横向调整：松开圆盘轴固定螺栓，根据需要左右移动圆盘轴至合适位置，拧紧紧固螺栓。

7. 覆土轮的调整

覆土轮主要的调整要求：覆土轮靠近膜边的第一个漏土口的间隙一般为 15 ~ 20mm，第二个漏土口的间隙一般为 25 ~ 40mm；漏土口的中心线一般应在鸭嘴的中心线外侧 5mm 左右；种孔带镇压轮的中心线应与漏土口的中心线在同一条直线上，根据土质不同可进行适当的调整。

8. 压膜轮的调整

调整压膜轮时，应使压膜轮走在开沟圆盘开出的沟内，并使压膜轮圆弧面紧贴沟壁，产生横向拉伸力使地膜平贴于地面，保证膜边覆土状况良好，减少打孔后种子与地膜的错位。

9. 划行器臂长的调节

铺膜播种机在播种时的行走路线，可以采用梭式、向心式、离心式及套插式等不同的行程路线，使用不同的划行器。不同的对印目标，划行器的臂长也不同。

播种作业时，根据需要调整划行器的长度，然后拧紧紧固螺栓。

采用多台播种机连接作业或其他行走路线时，可用同样的方法来计算划行器臂长。按计算长度调整的划行器必须进行田间校正。在田间用试验法确定划行器长度也是一种很简便的方法。

（三）使用

1. 对种子、土地及地膜的要求

种子：种子应清洁、饱满、无杂物、无破损、无棉绒。

土地：土地平整、细碎、疏松，无杂草、发物，墒度适宜。

地膜：膜卷整齐，无断头、无粘连，心轴直径不小于 30㎜，外径不大于 250㎜，地膜厚度应不小于 0.008㎜。

2. 播种前的试播

机具在正式播种前，用户必须先进行试播。在试播时要对机具进行一系列调整，使机具达到完好的技术状态，播种质量符合农艺标准和用户要求。

3. 试播的要求

①试播要在有代表性的地头进行。

②试播时，拖拉机的行驶速度要和正常作业时的速度一致。

③在试播的同时检查播种质量（播深、穴粒数、株距、行距等）是否符合农艺要求。

④检查前述机具的挂接调整是否符合要求。

⑤检查机具的调整是否符合要求。

⑥检查划行器的臂长是否符合要求。

4. 试播

①升起铺膜播种机，将地膜起头经展膜辊、压膜轮、覆土轮后压在地面上，然后降下铺膜播种机。

②调整拖拉机中央悬挂拉杆，使机架平行于地面。

③将膜卷调整到对称的位置，锁紧挡膜盘，保证膜卷有 5㎜ 左右的横向窜动量，根据地膜宽度及农艺要求调整膜床宽度，开沟深度 5 ~ 7㎝，圆盘角度为 15 ~ 20°，膜边埋下膜沟 5 ~ 7㎝。

④加种：给种箱加种时，应在加种的同时缓慢转动穴播滚筒 3 ~ 5 圈，做到预先充种。

⑤以正常作业时的速度行进，同时检查播种质量，包括播深、穴粒数、株距、行距、覆土质量等。

（四）保养

为保证铺膜播种机正常工作并且延长使用寿命，保养是必需的。

①首次工作几小时后，检查所有紧固件是否紧固，如有松动，立即拧紧。

②每天消除铺膜播种机上泥沙、杂物，以防锈蚀。

③每班作业后，检查所有紧固件是否紧固，如有松动，立即拧紧。

④每班检查各工作部件有无脱焊、变形或损坏，若发现问题，应及时予以校正或更换。

⑤在机具到地头时，查看鸭嘴有无堵塞，上种箱、穴播器、输种管有无杂物堵塞。

⑥润滑。润滑部位及周期见表 7-2。

表 7-2　润滑部位及周期

润滑部件	润滑油种类	润滑周期
镇压辗轴承座	钙基润滑脂	一个播期
展膜辗轴套	钙基润滑脂	二班
压膜轮轴套	钙基润滑脂	二班
开沟圆盘及覆土圆盘轴承	钙基润滑脂	二班
覆土轮轴	钙基润滑脂	二班
穴播器轴套	钙基润滑脂	二班
地轮轴承座	钙基润滑脂	二班
传动链	钙基润滑脂	二班

（五）常见故障及排除方法

机械式精量铺膜播种机常见故障及排除方法见表 7-3。

表 7-3　常见故障及排除方法

故障现象	原因分析	排除办法
作业时噪声大	机器向前或向后倾斜	加长或缩短上拉杆，使之在作业时与下拉杆平行
	机器与拖拉机之间没有稳固，左右晃动	稳固拖拉机的牵引杆
提升机器时噪声大	三点悬挂上拉杆的角度不当	调整上拉杆与下拉杆平行
	超过允许提升高度	降低提升高度
切破膜边	压膜轮未走在膜沟内	调整开沟圆盘或压膜轮位置，使压膜轮走在膜沟内
	压膜轮有毛刺飞边	清除展膜辊或压膜轮上的毛刺飞边
	开沟过深	调整开沟深度
	压膜轮与膜沟过紧	压膜轮应与膜沟边保持 10 ~ 20mm 距离
	压膜轮转动卡涩	查看压膜轮处有无异物，使之转动灵活
膜孔与种孔错位	地膜卷张紧过度	适当调松地膜纵向拉力
	展膜辊转动不灵活	查看展膜辊，使展膜辗转动灵活

续表

故障现象	原因分析	排除办法
膜孔与种孔错位	膜边覆土量少，膜边未压紧	调整膜边覆土量，增加覆土量，调整膜卷位置
下种不均	鸭嘴脱落	重新铆接
	鸭嘴内有杂物	清除杂物
	鸭嘴调整不当	重新调整鸭嘴
	鸭嘴阻塞	清理鸭嘴
滚筒缠膜	地膜铺放方法不对	重新铺放地膜
	地膜张紧度不够	适当张紧地膜
	地头地膜掩埋不好	掩埋好地头地膜
	地膜质量不符要求	换合格地膜
	机具纵向不平	调整中央拉杆，使机具处于水平状态
空穴率高	鸭嘴堵塞	清理鸭嘴
	鸭嘴合页卡死	校正鸭嘴合页
	输种管堵塞	清理输种管
	存种室内不干净	清理存种室
	鸭嘴打不透地膜	重新镇压土地
播种鸭嘴夹土	鸭嘴变形	校正鸭嘴
	鸭嘴弹簧变形或损坏	更换弹簧
	土壤含水率过高	晾晒土地，使土壤含水率降低
	穴播器方向错误	将穴播器换为正确方向
种行覆土不匀或无土	覆土量不足	调整覆土圆盘，加大覆土量
	覆土轮安装方向不对	重新正确安装
	覆土轮出土口未对准种行	重新调整使之对正
	覆土轮出土口过小	调整覆土轮出土口
	覆土轮土向口外出	覆土轮导土片反向，应重新安装
开沟、覆土圆盘转动不灵活	轴承缺润滑油（脂）	加注润滑油（脂）
	轴承损坏	更换轴承
	轴承内进入脏物	清洗轴承，加注润滑油（脂）
鸭嘴穿不透地膜	地膜张紧不够	张紧地膜
	土壤中杂草及大土块过多	重新整地
	播种地面镇压过实	整地应符合种植要求，重新整地

续表

故障现象	原因分析	排除办法
鸭嘴穿不透地膜	穴播器框架与机架后梁顶柱	调整悬挂中央拉杆，使机架保持与地面平行状态，框架限位应保持 8 ~ 12mm 的间隙
排种管堵塞	排种管太长	剪短排种管
	排种管内有杂物	清理排种管内杂物
断膜	有异物挂膜	观察后排除
	覆土轮、穴播器转动不灵活	检查覆土轮及穴播器
	覆土轮离地间隙不够	调整覆土轮离地间隙
	地膜质量差	更换合格地膜
	机架不平	调整悬挂系统，使机架保持水平
	地膜卷卡涩	查看展膜支架轴套、卡轴管，加润滑油，使用转动灵活
	展膜辊不转，有卡涩现象	有杂物卡塞，查看排除轴套内杂物，注入润滑油
	地膜质量差	更换标准地膜
	展膜质量差	查看展膜辊质量或更换膜管，重新调整
膜床不平	膜床有较深的轮辙	推土框底线，应高于镇压般底平面 1 ~ 2mm
	镇压辊壅土、卡涩	调整轴承座及端面，使滚筒转动灵活
铺膜质量不好	膜边压土不严	调整膜边覆土圆盘使之有足够的覆土量
	膜上覆土不好	调整膜上覆土圆盘角度
	膜边卷曲	垄面宽度不够，重新调整
	膜卷未放正	调正膜卷
	展膜辊、压膜轮转动不灵活	检查后排除
	机架不平	调整悬挂系统，使机架保持水平
	膜床面过宽	压入膜床沟内地膜每边不小于 80mm，否则应调整膜床面宽度，应使用标准地膜
	两边压膜不一致	地膜卷两头床位，应将地膜定位在正中，两边间距相等，拧紧定位套
	膜边覆土差	
	地膜蓬松	

三、气吸式精量铺膜播种机的维护技术

（一）特点、结构与工作原理

1. 特点

①该机采用主副梁机架，工作单组通过平行四连杆机构与机架连接。

②滴灌带铺设装置直接连接在机架上，简单实用。

③以梁架作为气吸管路，使机器结构简单、调整方便。

④点种器为气吸式结构，取种可靠。设计有二次分种机构，保证种子进入鸭嘴尖部的时间。

⑤各组工作部件都可以实现单独仿形，能最大限度地适应地块。

⑥设计有地膜张紧装置，使地膜与地面的贴合度好，减少打孔后种子与地膜错位。

⑦覆土滚筒采用大直径整体结构，使盛土量容积增大并提高滚筒的滚动能力。

⑧种带镇压轮采用大直径的零压胶圈，该结构不粘土并提高对种带的镇压效果。

⑨多处工作部件加装了预紧弹簧，增强了机器在工作中的稳定性和使用效果。

2. 结构

气吸式精量铺膜播种机主要由主梁总成和工作单组两部分组成。主梁总成包括大梁、下悬挂臂、风机总成、划行器、铺管装置。工作单组包括单组机架、整地装置、铺膜装置、播种装置、种带覆土装置和种带镇压装置。另外根据用户要求还可在工作单组中加装施肥装置。

①风机总成：由风机、齿箱、传动皮带、上悬挂臂组成。

②整地装置：由整形器、镇压辊等组成，整形器可以上、下调节。工作时推土板先推开表层干土，然后镇压辊进行镇压，使种床光整密实，有利于展膜，改善土壤吸水性。

③铺膜装置：由开沟圆片、压膜轮、导膜杆、展膜辊及覆土圆片 1 等组成。

④铺管装置：由滴灌支架、滴灌挡圈、滴灌管铺放架（浅埋式）等组成。

⑤播种装置：由种箱、输种管、加压弹簧、点播器及点播器固定框架等部件组成。点播器可随地形上下浮动，具有仿形效果，加压弹簧使点播器具有一定的向下压力，能较容易地扎透地膜。

⑥种带覆土装置：由覆土圆片 2、覆土滚筒及覆土滚筒 2 框架等部件组成。

⑦种带镇压装置：由镇压轮、镇压轮牵引装置、挡土板等部件组成。

3. 工作原理

铺膜播种机由拖拉机悬挂（牵引），工作时将拖拉机的液压操纵杆置于浮动位置，使

铺膜播种机的框架处于水平位置。

随着机组的前进，推土板将拖拉机的轮胎印痕刮平，在推土板的导流作用下将不平整的土地整平，通过镇压辊的滚压作用将土壤压实，随后开沟圆盘开出膜沟。

机具行进时，地膜在导膜杆及展膜辊的作用下平铺于地面，压膜轮将地膜两侧压入膜沟中，同时也将地膜展平。覆土圆片1及时将土覆在膜边上将地膜膜边压住，使地膜平整，防止播种时种穴错位。

由拖拉机动力输出轴通过万向节、齿箱总成及皮带轮带动风机转动，产生一定的真空度，通过气吸道传递到穴播器气吸室。排种盘上的吸种孔产生吸力，存种室内部分种子被吸附在吸种孔上。种子随排种盘旋转至刷种器部位，由刷种器刮去多余的种子，当排种盘快转到底部时，种子在断气块和刮种板的双重作用下，落入分种器。分种器转过一定的角度时，分种器中的种子再进入鸭嘴。当此鸭嘴再转动到下部时，动、定鸭嘴插入土壤中，通过点播器与地面的接触压力打开动鸭嘴，形成孔穴并将鸭嘴内的种子投入孔穴内。

覆土圆片及时将土翻入覆土滚筒内，覆土滚筒在膜上滚动时，覆土滚筒内的导流板将土送到膜面上的种孔上，最后种行镇压装置镇压种行覆土带，完成整个作业过程。

（二）调整

1. 整形器的调整

调整整形器时，应根据土壤情况而定。一般调整两次，第一次进行整体调整，第二次微调。

①土壤疏松时：松开整形器的紧固螺栓，以镇压滚筒下平面为基准，将整形器往下调整15 ~ 30㎜，整形器的前顶端要向上抬头5 ~ 10㎜，调整好后拧紧整形器紧固螺栓。

②黏性土壤，土块比较多时：以同样的方法进行调整，整形器往下调整15 ~ 40㎜。

2. 穴播器的调整

①本机所带穴播器都是经试验台精密调试合格的产品，各零部件安装位置较合适，一般不要拆卸。

②如果发现空穴率增高和出现断条现象：一是先检查鸭嘴是否被泥土堵塞；二是检查梳籽板是否在合适的位置；三是打开观察孔，检查种室是否有塑料薄膜等废物堵塞吸籽孔，或缠绕在梳籽板上；四是检查种子是否在进种口及输种过道由于有杂物、泥土、棉线等堵塞的原因，种子出现架空现象；五是检查气压是否达到要求，由于气吸管漏气或风机皮带过松等原因，可造成气压达不到要求，设计气压要求是必须大于140mmHg；六是检查气吸盘位置是否固定（气吸盘是靠其边缘上的小凸块与点种器侧盘小槽来固定位置的，由

于在更换气吸盘时小凸块没有放入侧盘小槽或螺钉没有上紧，都会出现气吸盘的位置出现偏差）；七是检查点种器的腰带位置是否符合要求（须专业人员来操作）。

③根据农艺要求，如更换籽盘等必须打开穴播器。则可将穴播器总成卸下，放在干净的地方，取出种室盖，细心取出调整垫圈，卸掉两圈 M6 螺钉，拿出分籽盘，即可取出吸籽盘。安装前，首先检查大小。形密封圈是否在密封槽中，然后检查断气块及弹簧是否安装到位，再按图示位置安装吸籽盘。注意按原样装好调整垫圈及键条，盖好种室盖，转动穴播器无阻滞现象即可。穴播器腰带一般不要拆卸，如必须拆卸，应先做好标记，按标记装回。

④检查活动鸭嘴。活动鸭嘴必须转动灵活，不得锈死和卡滞。否则应及时进行修理或更换。

⑤检查活动鸭嘴与固定鸭嘴相对位置，其张开度保持在 10 ~ 14mm 范围内，否则应予以调校。

⑥穴播器的正确方向是：穴播器工作时，从上向下看，固定鸭嘴在前，活动鸭嘴在后。

3. 行距的调整

行距是指两个穴播器鸭嘴的中心距。

①首先找出机具纵向对称中心平面，从机具纵向对称中心平面开始向两侧进行调整。

②将种箱牵引卡板 U 形卡螺母松开，然后左右移动种箱穴播器总成，使之调到所需位置，锁紧牵引卡板 U 形卡即可。

4. 开沟圆片的调整

（1）角度调整

松开圆片轴固定螺栓，根据压膜轮的位置移动圆片轴及转动安装柄，使两开沟圆盘从后往前看呈内八字形且与前进方向各呈 20° 角左右，并使压膜轮正好走在所开的沟内，最后将紧固螺栓紧固。

（2）深度调整

将开沟圆盘安装柄紧固螺栓拧松，在膜床与镇压辊之间支垫 70mm 厚的木块，根据需要将开沟圆盘调整至所需深度（一般将开沟圆盘底端刃口调到膜床以下 50mm 左右），拧紧安装柄紧固螺栓。

5. 覆土圆片 1 的调整

调整方法与开沟圆盘的调整方法基本相同。一般只须调整圆盘的角度及与地膜膜边的距离。

6. 覆土圆片 2 的调整

覆土圆片 2 的作用是给覆土滚筒内供土，可根据覆土滚筒内土的需求量大小，调整圆盘的位置和角度。调整至合适的覆土量后将紧固螺栓紧固。从后部看，覆土圆片呈外八字形且与前进方向各呈 20° 角左右。

7. 覆土滚筒 1 和漏土口间隙的调整

①覆土滚筒 1 靠近膜边的第一个漏土口的间隙一般为 12 ~ 18㎜，第二个漏土口的间隙一般为 15 ~ 25㎜。

②漏土口的中心线一般应在播种器鸭嘴的中心线外侧 5㎜ 左右，根据土质不同可进行适当的调整。

8. 压膜轮的调整

①松开压膜轮吊架轴上的紧固螺栓，左右移动压膜轮，调整到合适位置后拧紧紧固螺栓即可。

②调整压膜轮时，应使压膜轮走在开沟圆盘开出的沟内，并使压膜轮圆弧面紧贴沟壁，产生横向拉伸力，使地膜平贴于地面，保证膜边覆土状况良好，减少打孔后种子与地膜的错位。

9. 划行器臂长的调节

①播种作业时，须安装划行器，并根据行距、行数和拖拉机的前轮轮距确定划行器的长度。划行器长度同时也可按驾驶员所选定的目标（即描影点）而定。

②放下划行器，松开划行器固定螺丝，调整划行器的长度至所需长度，再把固定螺丝拧紧。

③试播一趟，观察划行器的划痕是否符合要求，如不符合，再进行微调，直到符合要求为止。

10. 风机的调整

注意调节风机皮带的松紧，如风机内部有异响注意停车检修。

11. 整机的调整

在试作业过程中观察作业质量是否满足要求，必要时调整以下部位：

①调整拖拉机两侧提升杆的长短，可使机器保持左、右水平。

②调整上拉杆的长短，可使机器保持前、后水平。

③机具的两个水平状态调整好后，锁定两个下牵引杆的张紧链条，保证机具作业时不摆动。

④限位链的调整：在工作时，限位链应偏松一点。而在提升过程和机器达到最高位置时，限位链要确保机器左、右摆动不致过大，更不能与拖拉机轮胎等碰撞。

（三）使用

1. 对地膜、土地及种子的使用要求

①种子清洁、饱满、无杂物、无破损、无棉绒。

②土地平整、细碎、疏松，无杂草、杂物，墒度适宜。

③膜卷整齐，无断头、无粘连，心轴直径不小于 30㎜，外径不大于 250㎜。

2. 播种前的调试与试播

在正式播种前，必须先进行试播。

①对机具进行试播调整的前提条件是：机具的挂接调整符合要求，机具的前后、左右与地面呈平行状态，点播器框架保持水平，保证鸭嘴开启时间正确。

②试播要在有代表性的地头（边）进行。试播时拖拉机的行进速度和正常作业时的速度一样，同时要检查播种质量，包括播深、穴粒数、株距、行距、覆土质量等。

③悬起铺膜播种机，将地膜起头从导膜杆下面穿过，经展膜辊、压膜轮、覆土滚筒，用手将地膜起头在地面上，然后降下铺膜播种机。

④将宽膜膜圈调整到左右对称的位置，锁紧挡膜盘，保证膜卷有 5㎜ 的横向窜动量，根据地膜宽度及农艺要求调整膜床宽度，开沟深度 5 ~ 7cm，圆盘角度为 20° 左右，膜边埋下膜沟 5 ~ 7cm。

⑤连接动力传动轴，使风机转动，在小油门的条件下磨合 4 小时。

⑥加种：给种箱加种后缓慢转动穴播滚筒 1 ~ 2 圈，做到预先充种。

⑦调整拖拉机中央悬挂拉杆，使机架平行于地面。

⑧最终达到膜床平整、丰满，开沟深度、膜床宽度及采光面符合要求，宽膜膜边埋膜可靠，覆土适当，铺膜平展，孔穴有盖土，下种均匀，透光清晰等。

3. 正式播种

正式播种时须注意以下问题：

①风机转速控制在 4 200 ~ 4 500 转 / 分钟，即吸籽盘孔气压 150 ~ 170mmHg（1mmHg=0. 133kpa）。

②行走速度控制在 3 ~ 4km/h。

③风机每班加油一次，采用 2 号锂基低噪声润滑脂。

④每班清理 2 次穴播器种盒，注意观察吸籽盘孔是否有堵塞，或吸籽不稳现象。

⑤在地头应从观察口检查种室是否有种。

（四）保养

为保证您的铺膜播种机正常工作并且延长使用寿命，保养是必需的。

（1）首次工作几小时后，检查所有螺栓和螺母是否紧固。

（2）定期给下列部件加注润滑油（脂），但要节约：

①开沟圆盘轴承及调整螺栓。

②穴播器轴承及调整螺栓。

③覆土圆盘轴承及调整螺栓。

④镇压辊轴承及调整螺栓。

⑤风机动力传动轴。

⑥风机轴承及风机传动齿箱。

⑦压膜轮轴承及调整螺栓。

⑧划行器轴承及调整螺栓。

（五）常见故障及排除方法

气吸式精量铺膜播种机常见故障及排除方法见表7-4。

表7-4　常见故障及排除方法

故障现象	原因分析	排除方法
作业时噪声大	机器向前或向后倾斜	加长或缩短上拉杆，使之在作业时与下拉杆平行
	机器与拖拉机间没有稳固左右晃动	稳固拖拉机的牵引杆
提升机器时噪声大	三点悬挂上拉杆的角度不当	调整上拉杆与下拉杆平行
	超过允许提升高度	降低提升高度
切破膜边	开沟过浅	调整开沟圆盘入土深度
	压膜轮未走在膜沟内	调整开沟圆盘或压膜轮位置，使压膜轮走在膜沟内
	压膜轮有毛刺飞边	清除压膜轮上的毛刺飞边
空穴	排种器内有杂物	清除杂物
	风机皮带松弛	张紧皮带
	种箱下种口堵塞	进行疏通
	刷种器调整不当	重新调整刷种器
	鸭嘴打不透地膜	镇压土地
	鸭嘴阻塞	清理鸭嘴

续表

故障现象	原因分析	排除方法
滚筒缠膜	地膜膜卷放置方向不对	重新铺放地膜
	地膜张紧度不够	适当张紧地膜
	地头地膜掩埋不好	掩埋好地头地膜
滚筒缠膜	薄膜质量不符要求	换合格地膜
	机具纵向不平	调整中央拉杆，使机具处于水平状态
播种鸭嘴夹土	鸭嘴变形	校正鸭嘴
	鸭嘴弹簧变形或损坏	校正或更换弹簧
	土壤含水率过高	晾晒土地，使土壤含水率降低
断膜	有异物挂膜	观察后排除
	展膜辊、压膜轮转动不灵活	可能有异物卡住，检查后排除
	覆土滚筒、穴播器转动不灵活	检查覆土滚筒及穴播器
	覆土滚筒离地间隙不够	调节覆土滚筒离地间隙调节手柄
	地膜质量差	更换合格地膜
	机架不平	调整悬挂系统，使机架保持水平
种孔上覆土不匀或无土	覆土量不足	调整覆土圆片，加大覆土量
	覆土滚筒安装方向不对	重新正确安装
	覆土滚筒内大土块太多	清除
	覆土滚筒槽口未对正种孔	重新调整使之对正
鸭嘴穿不透地膜	地膜张紧不够	张紧地膜
	土壤中杂草及大土块过多或苗床过虚	重新整地
排种管堵塞	排种管太长	缩短排种管
	排种管内有杂物	清理排种管内杂物
铺膜质量不好	膜边压土不严	调整一级覆土圆片使之有足够的覆土量
	膜上覆土不好	调整二级覆土圆片角度
	膜边卷曲	垄面宽度不够，将开沟圆盘间距调整至膜宽减去 10 ~ 15cm，将压膜轮圆弧面紧贴膜沟
	膜卷未放正	调正膜卷
	展膜辊、压膜轮转动不灵活	检查后调节
	机架不平	调整悬挂系统，使机架保持水平

续表

故障现象	原因分析	排除方法
开沟覆土圆盘转动不灵活	轴承缺润滑（脂）	加注润滑油（脂）
	轴承烧死	更换轴承
	轴承内进入脏物	清洗轴承，加注润滑油（脂）

第三节　中耕机械的维护技术

一、概述

（一）中耕的作用及技术要求

中耕是在作物生长期间进行田间管理的重要作业项目，其目的是改善土壤状况，蓄水保墒，消灭杂草，为作物生长发育创造良好的条件。中耕主要包括除草、松土和培土 3 项作业。根据不同作物和各个生长时期的要求，作业内容有所侧重。有时要求中耕和间苗、中耕和施肥同时进行。中耕次数视作物情况而定，一般需 2 ~ 3 次。

对中耕机的技术要求：中耕机的结构简单，使用简便；作业时稳定性好，便于操纵；中耕机与拖拉机连接简单；稍加变换就可完成各项中耕作业。

（二）中耕机的类型

中耕机按可利用的动力可分为：手用中耕器、手扶动力中耕器、蓄力中耕器、机动中耕机（分牵引式和悬挂式两种）。

按用途可分为：全面中耕机、行间中耕机、通用中耕机、间苗和手用中耕机（果园、茶园、林业等用）。

按工作机构形式可分为：锄铲式中耕机、旋转式中耕机、杆式中耕机。

按工作条件可分为：旱田中耕机和水田中耕机。

二、中耕机的维护技术

（一）锄铲式中耕机工作部件

锄铲式中耕机通常用于旱地作物的中耕，其工作部件有除草铲、松土铲、培土器等。

1. 除草铲

除草铲主要用于行间第一、二次中耕除草作业，起除草和松土作用。它分为单翼铲和双翼铲两类。双翼铲又有除草铲和通用铲之分。

单翼除草铲由单翼铲刀和铲柄组成。单翼铲刀有水平切刃和垂直护板两部分。水平切刃用来切除杂草和松碎表土。垂直护板的前端也有刃口，用来垂直切土。护板部分用来保护幼苗不被土壤覆盖。工作深度一般为 4 ~ 6cm，幅宽有 13.5cm、15cm 和 16.6cm 3 种。单翼除草铲因分别置于幼苗的两侧，故又分为左翼铲和右翼铲。

双翼铲由双翼铲刀和铲柄组成。双翼除草铲的特点是除草作用强、松土作用较弱，主要用于除草作业；双翼通用铲则可兼顾除草和松土两项作业，工作深度达 8 ~ 12cm，幅宽常用的有 18cm、22cm 和 27cm 3 种。

2. 松土铲

松土铲主要用来松动下层土壤，它的特点是松土时不会把下层土壤移到上层来，这样便可防止水分蒸发，并促进植物根系的发育。其形式有凿形松土铲、单头松土铲、双头松土铲以及垄作三角犁铲（北方称三角锥子）。

凿形松土铲实际上为一矩形断面铲柄的延长，其下部按一定的半径弯曲，铲尖呈凿形，常用于行间中耕，深度可达 18 ~ 20cm。

单头松土铲主要用于休耕地的全面中耕，以去除多年生杂草，工作深度可达 8 ~ 20cm。

双头松土铲呈圆弧形，由扁钢制成。铲的两端都开有刃口，一端磨损后可换另一端使用。铲柄有弹性和刚性两种，前者适用于多石砾的土壤，工作深度为 10 ~ 12cm；后者适用于一般土壤，工作深度可达 18 ~ 20cm。

3. 培土器

培土器用于玉米、棉花等中耕作物的培土和灌溉区的行间开沟。培土本身也具有压草作用。培土器一般由铲尖、分土板和培土板等部分组成。铲尖切开土壤，使之破碎并沿铲面上升，土壤升至分土板后继续被破碎，并被推向两侧，由培土板将土壤培至两侧的苗行。培土板一般可进行调节，以适应植株高矮、行距大小以及原有垄形的变化。有些地方要求每次培土后，沟底和垄的两侧均有松土，以防止水分蒸发，可用的综合培土器，其特点是三角犁铲曲面的曲率很小，通常为凸曲面，外廓近似三角形，工作时土壤沿凸面上升而被破碎，然后从犁铲后部落入垄沟，而土层土基本不乱。分土板和培土板都是平板，培土板向两侧展开的宽度可以调节。

（二）锄铲的选择及配置

根据中耕要求、行距大小、土壤条件、作物和杂草生长情况等因素，选择各种中耕应用的工作部件，恰当地组合、排列，才能达到预期的中耕目的。

工作部件的排列应满足不漏锄、不堵塞、不伤苗、不埋苗的要求。排列时要注意下面几点：

①为保证不漏锄，要求排列在同行间的各工作部件的工作范围有一定重叠量。一般除草铲铲翼横向重叠量为 20 ~ 30mm；单杆单点铰链式联结的机器上为 60 ~ 80mm；凿形铲由于入土较深，对土壤影响范围大，只要前后列相邻松土铲的松土范围有一定重叠即可。

②为保证不堵塞，前后铲安装时应拉开 40 ~ 50cm 的距离。

③为保证中耕时不伤苗、不埋苗，锄铲外边缘与作物之间的距离应保持 10 ~ 15cm，称为护苗带。必要时幼苗期护苗带还可减至 6cm，以增加铲草面积。

（三）锄铲式中耕机的调整

在正式作业开始前，将中耕机械用拖拉机悬挂进行田间测试调整，检查各工作部件是否能正常作业，其主要调整有：

①除草铲、松土铲、培土铲安装不当，作业效果不好，重新安装调整。

②作业行距调整不当，重新进行安装调整，达到要求。

③工作部件安装不当，达不到要求的作业深度，调整其安装深度。

④工作部件已损坏，更换部件。

（四）锄铲式中耕机的保养

①及时清除工作部件上的泥土、缠草，检查是否完好。

②润滑部位要及时加注黄油。

③各班作业后，全面检查各部位螺栓是否松动。

④施肥作业完成后，要彻底清除各部黏附的肥料。

⑤工作前检查传动链条是否传动灵活。

⑥每班作业后，应检查零部件是否有变形、裂纹等，及时修复或更换。

⑦作业结束后要妥善保管。

（五）锄铲式中耕机的常见故障及其排除方法

锄铲式中耕机的常见故障及其排除方法见表 7-5。

表 7-5 锄铲式中耕机的常见故障及其排除方法

故障	故障原因	排除方法
锄草不净	工作部件重叠量小	增加锄铲重叠量
	锄铲刃口磨钝	磨刃口
	锄铲深浅调节不当	调节入土深度
	锄齿的种类或配置方法不合适	选择合适锄齿的种类或配置方法
除草不入土，仿形轮离地	锄铲尖部翘起	调节拖拉机上拉杆或中耕单组仿形机构的上拉杆长度，调平单组纵梁
	铲尖磨钝	磨刃口
	仿形四杆机构倾角过大	调节地轮高度，使主梁降低，减小四杆机构倾角
中耕后地表起伏不平	锄铲粘土或缠草	清除铲上的铁锈、油漆，定期磨刃口，及时清除粘土及杂草
	锄铲安装不正确	检查和重新安装锄铲，使每个锄铲的刃口都呈水平状态
	单组纵梁纵向不水平，前后锄铲耕深不一致	调节拖拉机上拉杆或中耕单组仿形机构上拉杆的长度，将纵梁调平
	双翼铲入土角度过大	减小双翼铲入土角
	土壤干湿不均易形成土块、泥条	选合适墒情和时间中耕
压苗、埋苗	播行不直，行距不对	调整机具行距使其适应播行
垄形低矮，坡度角大，垄顶凹陷	开沟深度浅	加深开沟深度
	培土板开度小	增大培土板开度
垄形瘦小，培土器壅土，沟底浮土过	培土板开度大	减小培土板开度
	开沟深度太深	减小开沟深度
铲苗、埋苗、漏耕	中耕机具与播种机具的工作幅宽不一致，或二者不成整倍数	将中耕机具与播种机具的工作幅宽调整一致，或二者成整倍数
	机具行走路线错乱	更正机具行走路线
	锄齿的工作位置不正，护苗带太小、行距不等，播行不直	调正锄齿的工作位置，加大护苗带宽度等行距作业
	车速过高	降低车速
中耕深度不够	牵引点过高	降低牵引点
	锄齿不锋利	更换锄齿或刃磨锄齿
	中耕锄齿的调整深度不正确	调整中耕锄齿的深度
	土壤阻力过大	选合适墒情和时间中耕

第四节 植保机械的维护技术

一、概述

（一）植保机械的农艺技术要求

1. 应能满足农业、园艺、林业等不同种类、不同生态以及不同自然条件下植物病、虫、草害的防治要求。

2. 应能将液体、粉剂、颗粒等各种剂型的化学农药均匀地分布在施用对象所要求的部位上。

3. 对所施用的化学农药应有较高的附着率，以及较少的飘移损失。

4. 机具应有较高的生产效率和较好的使用经济性和安全性。

（二）植物保护的主要方法

植物保护的方法很多，按其作用原理和应用技术可分为以下几类：

1. 农业技术防治法

它包括选育抗病虫的作物品种，改进栽培方法，实行合理轮作，深耕和改良土壤，加强田间管理及植物检疫等方面。

2. 生物防治法

利用害虫的天敌，利用生物间的寄生关系或抗生作用来防治病虫害。近年来这种方法在国内外都获得很大发展，如我国在培育赤眼蜂防治玉米螟、夜蛾等虫害方面取得了很大成绩。为了大量繁殖这种昆虫，还研制成功培育赤眼蜂的机械，使生产率显著提高。又如国外研制成功用 X 射线或 γ 射线照射需要防治的雄虫，破坏雄虫生殖腺内的生殖细胞，造成雌虫的卵不能生育，以达到消灭这种害虫的目的。采用生物防治法，可减少农药残毒对农产品、空气和水的污染，保障人类健康，因此，这种防治方法日益受到重视，并得到迅速发展。

3. 物理和机械防治法

利用物理方法和工具来防治病虫害，如利用诱杀灯消灭害虫，利用温汤浸种杀死病菌，利用选种机剔除病粒等。目前，国内外还在研究用微波技术来防治病虫害。

4. 化学防治法

利用各种化学药剂来消灭病虫、杂草及其他有害动物的方法。特别是有机农药大量生产和广泛使用以来，已成为植物保护的重要手段。这种防治方法的特点是操作简单、防治效果好、生产率高，而且受地区和季节的影响较少，故应用较广。但是如果农药不合理使用，就会出现环境污染，破坏或影响整个农业生态系统，在作物植株和果实中易留残毒，影响人体健康。因此，使用时一定要注意安全。经过国内外多年来实践证明，单纯地使用某一防治方法，并不能很好地解决病、虫、草害的防治。如能进行综合防治，即充分发挥农业技术防治、化学防治、生物防治、物理机械防治及其他新方法、新途径的应用（昆虫性外激素、保幼激素、抗保幼激素、不育技术、拒食剂、抗生素及微生物农药等）的综合效用，能更好地控制病、虫、草害。单独依靠化学防治的做法将逐步减少，以至不复存在。但在综合防治中化学防治仍占着重要的地位。

（三）植保机械的分类

植物保护是农林生产的重要组成部分，是确保农林业丰产丰收的重要措施之一。为了经济而有效地进行植物保护，应发挥各种防治方法和积极作用，贯彻“预防为主，综合防治”的方针，把病、虫、草害以及其他有害生物消灭于危害之前，不使其成灾。

植保机械的分类方法，一般按所用的动力可分为：人力（手动）植保机械、畜力植保机械、小动力植保机械、拖拉机配套植保机械、自走式植保机械、航空植保机械。按照施用化学药剂的方法可分为：喷雾机、喷粉机、土壤处理机、种子处理机、撒颗粒机等。

二、背负式喷雾机的维护技术

（一）结构及工作原理

喷雾是利用专门的装置把溶于水或油的化学药剂、不溶性材料的悬浮液，各种油类以及油与水的混合乳剂等分散成为细小的雾滴，均匀地散布在植物体或防治对象表面达到防治目的，是应用最广泛的一种施药方法。

在农作物的病虫害防治工作中，喷雾器适用于水稻、棉花、小麦、蔬菜、茶、烟、麻等多种农作物的病虫害防治，也适用于农村、城市的公共场所、医院部门的卫生防疫。

喷雾机的功能是使药液雾化成细小的雾滴，并使之喷洒在农作物的茎叶上。田间作业时对喷雾机的要求是雾滴大小适宜、分布均匀，能达到被喷目标需要药物的部位，雾滴浓度一致，机器部件不易被药物腐蚀，有良好的人身安全防护装置。

常用的手动背负式喷雾机属于液体压力式喷雾机，主要由活塞泵、空气室、药液箱、喷杆、开关、喷头和单向阀等组成。工作时，操作人员将喷雾机背在身后，通过手压杆带动活塞在缸筒内上、下往复运动，药液经过进水单向阀进入空气室，再经出水单向阀、输液管、开关、喷杆由喷头喷出。这种泵的最高压力为800Pa左右。

（二）使用

1. 使用装配前将缸筒内皮碗、垫圈（牛皮）滴几滴机油。

2. 根据不同用途选用适当孔径的喷头片。

3. 使用前要检查背带长度是否合适，药箱及喷射部件上各连接处有无垫圈，是否安装无误，并用清水试喷，一切正常后再使用。

4. 药液应在其他容器内配制，加药液前要关闭开关，加注药液切勿过满，应在加水线以下，然后盖紧加水盖，以免药液漏出及冒出。

5. 背上喷雾器后，应先摇动摇杆6～8次，使空气室内有一定压力，再打开开关进行喷洒，要边走边喷，每3～4步摇动摇杆1次。当空气室内的药液上升到安全水位线时，应立即停止打气，以防气室爆炸，发生意外事故。

6. 喷雾作业者，要戴口罩，穿长袖衫、长裤、鞋袜，戴手套等，注意人体勿与药液接触，且要顺风向喷洒，以防中毒。

7. 操作时，严禁吸烟和饮食，并且不可过分弯腰，以防药液漏出。

8. 换喷片时，要使喷片上的圆锥孔面向内，否则会影响喷雾效果。

9. 用剩的药液应存放在特定地方，妥善保管。操作完毕后应用肥皂洗手、洗脸。

10. 严禁用手拧喷雾器连杆，以免变形。

（三）保养

1. 喷雾器使用完毕后，倒出药液箱内药液，用清水洗内外表面，并用清水倒入桶内再继续喷射几分钟，以免残留液侵蚀其他零件。

2. 拆下喷射部件，打开开关，将喷杆、胶管内余水排尽，擦干机件，置于阴凉干燥处。

3. 皮碗及牛皮垫圈在使用前后浸泡机油，防止干缩硬化，以保证密封性能和延长使用寿命。但塑料垫圈不能浸油。

4. 拆装塑料零件时，不要用力过猛。螺纹连接处不要拧得过紧，不漏水即可。

5. 备件包及小零件（喷头片、垫片等），应妥善保管，以防遗失。

（四）常见故障及排除方法

常见故障及排除方法见表7-6。

表 7-6 背负式喷雾器常见故障及排除方法

故障	产生原因	排除方法
接头处漏水	接头处无垫圈或损坏	检查接头处垫圈是否完整，接头零件有无缺损
药液喷洒不畅或喷不出雾	喷头阻塞	洗去污物（勿用金属物通孔）
	滤网阻塞	清洗滤网
	喷头体斜孔阻塞	清洗喷头体斜孔
	喷射部件某零件阻塞	逐级检查喷射部件
扳动摇杆感觉费力，打不进气	出水阀座玻璃球有污物	清洗或调换玻璃球
手压摇杆（手柄）感到不费力，喷雾压力不足，雾化不良	进水阀被污物堵塞	拆下进水阀，清洗
	牛皮碗干缩硬化或损坏	把牛皮碗放在动物油或机油里浸软，更换新品
	连接部位未装密封圈或密封圈损坏	加装或更换密封圈
	喷水管脱落	拧开胶管螺帽，装好吸水管
	安全网卸压	更换安全阀弹簧
手压摇杆（手柄）时用力正常，但不能喷雾	喷头堵塞	拆开清洗，注意不能用铁丝等硬物捅喷孔，以免扩大喷孔，使喷雾质量变差
	套管或喷头滤网堵塞	拆开清洗
泵盖处漏水	药液加得过满，超过泵筒上的回水孔	倒出部分药液，使液面低于水位线
	皮碗损坏	更换新皮碗
	胶管螺帽未拧紧	拧紧胶管螺帽
各连接处漏水	螺纹未旋紧	旋紧螺纹
	密封圈损坏或未垫好	垫好或更换密封圈
	直通开关芯表面缺少油脂	在开关芯上薄薄地涂上一层油脂
直通开关拧不动	开关芯被农药腐蚀而粘住	拆下开关，放在煤油或柴油中清洗，如拆不开，可将开关放在煤油中浸泡一段时间后再卸

三、手摇喷粉器的维护技术

（一）工作部件

喷粉器是利用风机产生的高速气流喷洒药粉，它主要由药粉箱、搅拌机构、输粉装置、风机及喷粉部件等组成。

药粉箱由薄铜板内涂有防腐油漆或由塑料制成，药粉箱内有搅拌机构，搅拌装置有机械式和气流式两种：机械式有叶片式、螺旋式和刮板式；气流式还兼有输粉作用。输粉装置是保证药粉均匀连续地输送到风机进风口或风机产生的气流中去。排粉量可通过调整排粉口的大小来控制。

手摇喷粉器的风机一般选离心式风机。离心式风机风速高、风量小。

喷粉部件由喷管和喷头组成，喷头有多种形式，如扁锥形、匙形、圆筒形等。扁锥形喷头喷出的粉流为扇形，适用于一般农作物喷粉；匙形喷头喷出的粉流有一定角度，适用于防治棉花虫害。

（二）使用

手摇喷粉器的构造与工作原理大体相同，都是采用离心式风机，风机动力是来自转动手柄，通过增速齿轮带动风机叶轮旋转，在高速气流作用下形成粉流进行喷粉作业。手摇喷粉器从携带方法来分有背负式和胸挂式两种。使用方法如下：

1. 使用前，先把摇柄装好，试摇几转，观察机器是否正常。

2. 按时润滑轴承，当连续使用 150 桶粉后，要重新加油，并在桶身外部轴承小孔加入机油。

3. 药粉要干燥无杂物，装粉前应关闭开关，桶内粉量不超过 3/4。

4. 喷粉前，应摇动摇柄，使风扇叶片旋转后，旋松开关上的螺帽，调节至适当的喷粉量后再旋紧螺帽，以避免大量药粉进入风机内形成积粉，产生吸风口回粉现象。

5. 喷粉时，顺时针方向摇动手柄，摇动时应均匀一致。

6. 安全操作，操作人员应穿戴防护具（口罩、长裤、长衫、鞋袜等）。应顺风作业，以免发生中毒。

7. 在清晨或晚间有露水情况下作业时，喷头不要沾着露水，以免阻碍药粉喷出。

（三）保养

1. 喷粉工作结束后，将喷粉器开关关闭，把桶内的剩余药粉全部倒出，用干布将残余药粉擦干净，将喷粉管拆下，把管子内外的残余药粉也清理干净。再空摇若干转，使残留在风箱内部的药粉吹尽，避免药粉受潮结块而堵塞管路、腐蚀桶身及零件。

2. 按说明书规定，检查、调整各部件的技术状态，给各润滑点润滑。要保持清洁，及时清除泥污。

3. 喷药机的存放。全部作业结束后，若停放时间较长，除把药液箱、液泵和管道等用水清洗干净外，还应拆下三角皮带、喷雾胶管、喷头、混药器和吸水管等部件，将这些部件清洗干净后与机体一起放在阴凉干燥处。喷药机不能与化肥、农药等腐蚀性强的物品堆放在一起，以免锈蚀损坏。橡胶制品应悬挂在墙上，避免压、折损坏。

（四）故障及其故障排除方法

手摇喷粉器的故障及故障排除方法见表 7-7。

表 7-7 手摇喷粉器的常见故障的排除方法

故障现象	故障原因	排除方法
手柄和风机都能转动，但喷不出药或喷得很少	加粉时未关闭粉门开关，叶轮内积存大量药粉，引起堵塞	关闭粉门开关，拆下喷粉管，清除积粉
	粉门开关开度过大或手柄转动次数不够，引起药粉堵塞	清除积粉，适当减小粉门开关开度。增加手柄转动次数
	喷粉管路被堵塞	拆下喷粉管，清除管中积粉或杂物
	药量湿度太大	将药粉晒干，研细
	输粉器与粉箱底的间隙过大或过小	检查并调整输粉器与粉箱底的间隙。正常间隙应为 2 ~ 3.3mm
手柄沉重或摇不动	药粉内有杂物，堵塞搅拌片	倒出药粉，清除杂物，清理堵塞，清除粉中杂物
	齿轮箱变形或箱内部零件卡住	拆开齿轮箱，检查修理或更换零件
	粉箱底残留粉受潮结块，叶轮主轴被抱死	拆下搅拌片，清除结块药粉
手柄能摇动，但叶轮不转	齿轮与主轴间的销钉或主轴与叶轮连接的铀钉松动、脱出或折断	更换新件
出粉开关失灵	开关失去弹性	拆下风机齿轮箱部件，从桶身内取出开关片，加以调整

四、担架式机动喷雾机的维护技术

（一）种类及特点

1. 种类

担架式喷雾机由于所配用泵的种类不同而可分为两大类：担架式离心泵喷雾机（配用离心泵）和担架式往复泵喷雾机（配用往复泵）。

担架式往复泵喷雾机还因所配用往复泵的种类不同而细分为三类：担架式活塞泵喷雾机（配用往复式活塞泵）、担架式柱塞泵喷雾机（配用往复式柱塞泵）和担架式隔膜泵喷雾机（配用往复式活塞隔膜泵）。

其中，担架式机动喷雾机（活塞泵）主要由担架、汽油机、三缸活塞泵、空气室、调压阀、压力表、流量控制阀、射流式混药器、吸水滤网、喷头或喷枪等组成。

2. 特点

①虽然泵的类型不同，但其工作压力（＜2.5MPa）相同，最大工作压力（3MPa）亦相同。

②虽然泵的类型不同，泵的流量大小不同，但其多数还在一定范围（30～40L/min）内，尤其是推广使用量最大的3种机型的流量也都相同，都是40L/min。

③泵的转速较接近，在600～900转/min范围内，而且以700～800转/min的居多。

④几种主要的担架式喷雾机由于其泵的工作压力和流量相同，因而虽然其泵的类型不同，但与泵配套的有些部件如吸水、混药、喷洒等部件相同，或结构原理相同，因此有的还可以通用。

⑤担架式喷雾机的动力都可以配汽油机、柴油机或电动机，可根据用户的需求而定。

担架式喷雾机是机具的各个工作部件装在像担架的机架上，作业时由人抬着担架进行转移的机动喷雾机。由于喷射压力高、射程远、喷量大，可以在小田块里进行作业和转移，因而适用于河网地区和具备水源条件的平原、丘陵和山区防治大田作物、果树和园林的病虫害。

（二）工作部件

1. 药液泵

目前担架式喷雾机配置的药液泵主要为往复式容积泵。往复式容积泵的特点是压力可以按照需要在一定范围内调节变化，而液泵排出的液量（包括经喷射部件喷出的液量和经调压阀回水液量）基本保持不变。往复式容积泵的工作原理是靠曲柄连杆（包括偏心轮）机构带动活塞（或柱塞）运动，改变泵腔容积，压送泵腔内液体使液体压力升高，顶开阀门排送液体。就单个泵缸而言，曲轴一转中，半转为吸水过程，另外半转为排水过程，同时还由于活塞运动的线速度不是匀速的，而是随曲轴转角正弦周期变化，所以排出的流量是断续的，压力是波动的；而对多缸泵来说，在曲轴转一转中几个缸连续工作，排出的波动的流量和压力可以相互叠加，使合成后的流量、压力的波动幅值减小。理论分析和试验都表明，多缸泵中三缸泵叠加后流量、压力波动都最小。因此，通常植保机械配置的往复式容积泵多为三缸泵。

担架式喷雾机配套的三种典型往复式容积泵，即柱塞泵、活塞泵、隔膜泵，各有优缺点。

（1）柱塞泵的优缺点

柱塞泵的优点：柱塞与泵室不接触，柱塞利用V形密封圈密封，即使有杂质沉淀，柱塞也不易磨损，使用寿命长；当密封间隙磨损后，可以利用旋转压环压紧V形密封圈调节补偿密封间隙，这是活塞泵做不到的；柱塞泵工作压力高。柱塞泵的缺点：用铜、不锈钢材料较多，比活塞泵重量重。

（2）活塞泵的优缺点

活塞泵的优点：活塞为橡胶碗，为易损件，与柱塞泵比较不锈钢用量少、泵缸（唧筒）简单，可用不锈钢管加工，加工较简单。活塞泵的缺点：活塞与泵缸接触密封而且相对运动，药液中的杂质沉淀，在活塞碗与泵缸间成为磨料，加速了泵缸与活塞的磨损。

（3）隔膜泵的优缺点

隔膜泵的优点：泵的排量大，泵体、泵盖等都用铝材表面加涂敷材料，用铜、不锈钢材少；制造精度要求低，制造成本低。隔膜泵的缺点：隔膜弹性变形，使流量不均匀度增加；双缸隔膜泵流量、压力波动大，振动较大。

2. 吸水滤网

吸水滤网是担架式喷雾机的重要工作部件，但往往被人们忽视。当用于水稻田采用自动吸水，自动混药时，就显示出它的重要性。吸水滤网结构由插杆、外滤网、上下网架、滤网、滤网管、胶管及胶管接头螺母等组成。使用时，插杆插入土中，当田内水深 7 ~ 10cm 时，水可透过滤网进入吸水管，而浮萍、杂草等由于外滤网的作用进不了吸水管路，保证了泵的正常工作。

3. 喷洒部件

喷洒部件是担架式喷雾机的重要工作部件，喷洒部件配置和选择是否合理不仅影响喷雾机性能的发挥，而且影响防治功效、防治成本和防治效果。目前国产担架式喷雾机喷洒部件配套品种较少，主要有两类：一类是喷杆；另一类是喷枪。

（1）喷杆

担架式喷雾机配套的喷杆，与手动喷雾器的喷杆相似，有些零件就是借用手动喷雾器的。喷杆是由喷头、套管滤网、开关、喷杆组合及喷雾胶管等组成。喷雾胶管一般为内径 8mm，长度 30m 高压胶管两根。喷头为双喷头和四喷头，该喷头与手动喷雾器不同之处是涡流室内有一旋水套。喷头片孔径有 1.3mm 和 1.6mm 两种规格。

（2）远程喷枪

主要适用于水稻田从田内直接吸水。并配合自动混药器进行远程（即人站在田埂上）喷洒。其结构是由喷头帽、喷嘴、扩散片、并紧帽和枪管焊合等组成。

（三）保养

1. 每天作业完后，应在使用压力下，用清水继续喷洒 2 ~ 5 分钟，清洗泵内和管路内的残留药液，防止药液残留内部腐蚀机件。

2. 卸下吸水滤网和喷雾胶管，打开出水开关；将调压阀减压手柄往逆时针方向扳回，旋松调压手轮，使调压弹簧处于自由松弛状态。再用手旋转发动机或液泵排除泵内存水，并擦洗机组外表污物。

3. 按使用说明书要求，定期更换曲轴箱内机油。遇有因膜片（隔膜泵）或油封等损坏，曲轴箱进入水或药液，应及时更换零件，修复好机具并提前更换机油。清洗时应用柴油将曲轴箱清洗干净后，再换入新的机油。

4. 当防疫季节工作完毕，机具长期贮存时，应严格排除泵内的积水，防止天寒时冻坏机件。应卸下三角皮带、喷枪、喷雾胶管、喷杆、混药器、吸水滤网等，清洗干净并晾干。能悬挂的最好悬挂起来存放。

5. 对于活塞隔膜泵，长期存放时，应将泵腔内机油放净，加入柴油清洗干净，然后取下泵的隔膜和空气室隔膜，清洗干净。

（四）常见故障及其排除方法

担架式喷雾机常见故障及排除方法见表 7-8。

表 7-8　担架式喷雾机常见故障及排除方法

故障现象	原因	排除方法
液泵无排液量或排液不足	新的液泵或有一段时间不用的液泵，因空气在里面循环而吸不上液体	使调压阀在“加压”状态，以切断空气的循环通路，并打开截止阀隔膜来排除空气
	吸水滤网孔堵塞或滤网露出液外	清除堵塞物，将网全部浸入液体中
	吸水滤网或回水管的接头螺母内未放垫圈	加放垫圈，拧紧螺母
	三角胶带太松，有跳动打滑现象，或发动机转速未调整到正常运转状态	调整胶带张紧度，或调整发动机转速，使液泵达到规定的转速
	活塞碗损坏或装反，不起活塞作用	更换活塞碗或调整安装方向
	活塞碗托与平阀密合处，或出水阀与平阀密合处有杂质搁住，或这些阀的平面损坏	除去杂质，阀平面损坏轻微的可用砂布打光，不能修整时应换新阀
	唧筒磨损或拉毛	更换唧筒
	出水阀弹簧折断或磨损	更换弹簧
	出水臂道如截止阀、喷枪、混药器等处堵塞	清除堵塞物，保持畅通
	柱塞密封圈未压紧或已损坏，漏水严重	压紧密封圈或更换，压注润滑脂
	隔膜破裂	更换隔膜

续表

故障现象	原因	排除方法
压力调不高，喷出药液无冲击力	调压阀压力未调好，调压柄未扳足，使回水增多，因而压力不高	把调压柄向逆时针方向扳足，再把调压轮向“高”的方向旋紧，以调高压力
	调压阀阀门与阀座之间有杂质或磨损破裂	去除杂质，更换阀门或阀座
	调压阀因污垢阻塞而卡死，不能随压力变化而上下滑动	拆开清洗，加注少量润滑油，使上下滑动灵活
	调压阀弹簧断裂	更换调压阀弹簧
压力表指示不稳定	压力表柱塞因污垢而卡死，必能随压力变化而上下滑动	拆开清洗，加注少量润滑油，使上下滑动灵活
	吸水网堵塞	清除杂物
	阀门被杂物捆住或损坏	清除杂物或更换
	隔膜气室充气不足或隔膜破裂或气嘴漏气	打气、更换隔膜或气嘴混药器吸不上母液或混药
不匀	液泵流量不足，压力不高，流速低，工作不正常	调整液泵使其工作正常
	射嘴与衬套的间隙不对或内孔磨损	用（16×20×0.6）mm 镀锌垫圈调整间隙到 1.5 ~ 2.6mm 之间，或更换磨损的射嘴与衬套
	喷雾液胶管接得太长	以不超过 60m 为宜
	喷药滤网堵塞或塑料吸引管损坏	清除堵塞或更换吸引管
	停车时水倒流入母液，由于玻璃球磨损或 T 形接头的阀线损坏	更换玻璃球或 T 形接头
	选用的喷射部件不适当	换装适用的喷射部件
喷嘴、喷头雾化不良	喷枪喷嘴有杂质堵塞或喷嘴孔磨损过大	清除杂质或更换新喷嘴
	喷头孔堵塞，喷头片孔或旋水套磨损	清除杂质或更换喷头片、旋水套
漏水、漏油泵体过热	压力表柱塞上密封环损坏，或柱塞方向装反，形成表下小孔漏水	更换密封环，调换方向（有密封环的一端向下）
	调压阀阻塞，上密封环损坏，形成套管处漏水	更换密封环
	气室座、吸水座的密封环槽内有杂质或密封环损坏，形成与唧筒或暖水管接合处漏水	清除杂质或更换密封环
	V 形密封圈方向装反或损坏，形成吸水座下小孔漏水或漏油	调整安装方向或更换 V 形密封（按结构零件图）
	油封损坏或曲轴轴颈敲毛，形成轴承透盖近曲轴伸出端漏油	更换油封或用细砂布修整轴颈，拉毛严重的可更换曲轴

续表

故障现象	原因	排除方法
漏水、漏油 泵体过热	螺钉未拧紧或衬垫损坏，形成轴承盖或轴承透盖的下方有油渗出	拧紧螺钉或更换衬垫
	螺钉未拧紧或箱盖垫片损坏，形成抽窗下方有油渗漏	拧紧螺钉或更换箱盖垫片
	柱塞密封破损	更换柱塞
	曲轴箱润滑油太少	加油
	轴承间隙及其他配合部分间隙不当	检查、调整
	零件清洗不净或毛刺未除	清洗、去毛刺

五、背负式喷粉机的维护技术

（一）结构与原理

背负式喷粉机是一种轻便、灵活、效率高的植物保护机械。主要适用于大面积农林作物（如棉花、玉米、小麦、水稻、果树、茶叶、橡胶树等）的病虫害防治及化学除草、仓储除虫、卫生防疫等工作。它不受地理条件限制，在山区、丘陵地区及零散地块上都很适用。

背负式喷雾喷粉机主要由机架、离心风机、汽油机、燃油箱、药箱及喷洒装置等组成，它采用气流输粉原理。

汽油机带动叶轮旋转，产生高速气流，大部分气流流经喷管，少量气流经出风筒进入吹粉管。进入吹粉管的气流由于农业机械维护技术速度高又有一定压力，这时风从吹粉管周围的小孔吹出，使药箱内的药粉松散，并吹向粉门体。由于弯头中气流的流动，在输粉管下粉口处形成负压，而产生吸粉作用，将输粉管中的粉剂吸向弯头内，并被由风机产生的高速气流吹送，经过喷管而喷出。

（二）使用

1. 启动前的准备

检查各部件安装是否正确、牢固；新机器或封存的机器首先排除缸体内封存的机油；卸下火花塞，用左手拇指稍堵住火花塞孔；然后用启动绳拉几次，将多余油喷出；将连接高压线的火花室与缸体外部接触；用启动绳拉动启动轮，检查火花塞跳火情况，一般蓝火花为正常。

2. 启动

①加燃油；②开燃油阀；③撤加油杆至出油为止；④调整阻风门；⑤拉启动绳启动。

3. 喷洒作业

（1）喷雾作业方法

全机具应处于喷雾作业状态，先用清水试喷，检查各处有无渗漏。然后根据农艺要求及农药使用说明书配比药液。药液经滤网加入药箱，盖紧药箱盖。

机具启动，低速运转。背机上身，调整油门开关使汽油机稳定在额定转速左右。然后开启手把开关。

喷药液时应注意：开关开启后，严禁停留在一处喷洒，以防引起药害；调节行进速度或流量控制开关（部分机具有该功能开关）控制单位面积喷量。

因弥雾雾粒细、浓度高，应以单位面积喷量为准，且行进速度一致，均匀喷洒，谨防对植物产生药害。

（2）喷粉作业方法

机具处于喷粉工作状态。关好粉门与风门。所喷粉剂应干燥，不得有杂物或结块现象。加粉后盖紧药箱盖。

机具起动低速运转，打开风门，背机上身。调整油门开关使汽油机稳定在额定转速左右。然后调整粉门操纵手柄进行喷洒。

4. 停止运转

先将粉门或药液开关关闭，然后减小油门使汽油机低速运转，3 ~ 5 分钟后关闭油门，关闭燃油阀。

使用过程中应注意操作安全，注意防毒、防火、防机器事故发生。避免顶风作业，操作时应配戴口罩，一人操作时间不宜过长。

（三）保养

每天工作完毕应按下述内容进行保养：

1. 药箱内不得残存剩余粉剂或药液。

2. 清理机器表面（包括汽油机）的油污和灰尘。

3. 用清水洗刷药箱，尤其是橡胶件、汽油机切勿用水冲洗。

4. 拆除空气滤清器，用汽油清洗滤网。喷撒粉剂时，还应清洗化油器。

5. 检查各部螺钉是否松动、丢失，油管接头是否漏油，各接合面是否漏气，确定机具处于正常工作状态。

6. 保养后的机具应放在干燥通风处，避免发动机受潮受热导致汽油机启动困难。

（四）常见故障及其排除方法

背负式喷粉机常见故障及其排除方法见表 7-9。

表 7-9　常见故障及其排除方法

故障现象	产生原因	排除方法
粉量前多后少	机器本身存在着前多后少缺点	开始时可用粉门开关控制喷量
粉量开始就少	粉门未全开	全部打开
	粉湿	换用干粉
	粉门堵塞	清除堵塞物
	进风门未全开	全打开
	汽油机转速不够	检查汽油机
药箱跑粉	药箱盖未盖正	重新盖正
	胶圈未垫正	垫正胶圈
	胶圈损坏	更换胶圈
不出粉	粉过湿	换干粉
	进气阀未开	打开
	吹粉管脱落	重新安装
粉进入风机	吹粉管脱落	重新安装
	吹粉管与进气胶圈密封不严	封严
	加粉时风门未关严	先关好风门再加粉
叶轮组装擦机风壳	装配间隙不对	加减垫片调节间隙
	叶轮组装变形	调平叶轮组装（用木槌）

续表

故障现象	产生原因	排除方法
喷粉时发生静电	喷臂为塑料制件，喷粉时粉剂在管内高速冲刷造成摩擦起电	在两卡环之间连一根铜线即可，或用 一金属链一端接在机架上，另一端与地面接触
喷雾量减少或喷不出来	喷嘴堵塞	旋下喷嘴清洗
	开关堵塞	旋下转芯清洗
	进气阀未打开	开启进气阀
	药箱盖漏气	盖严，检查胶圈是否垫正
	汽油机转速下降	检查下降原因
	药箱内进气管拧成麻花状	重新安装
	过滤网组合通气堵塞	扩孔疏通
药箱盖漏水	未旋紧药箱盖	旋紧药箱盖
	垫圈不正或胀大	重新垫正或更换垫圈
药液进入风机	进气塞与进气胶圈配合间隙过大	更换连气胶圈或将进气塞周围一层 胶布，使之与进气胶圈配合有一定 紧度
	进气胶圈被药液腐蚀失去作用	更换新的
	进气阀与过滤网组合之间进气管脱落	重新安好，用铁丝紧固

参考文献

[1] 万宏强 . 高等工科学校教材机械制造技术基础 [M]. 北京：机械工业出版社，2023. 01.

[2] 王林 . 蔬菜产业生产与机械化技术 [M]. 咸阳：西北农林科学技术大学出版社，2022. 04.

[3] 蒋瑞斌 . 农业机械设备使用与维护 [M]. 湘潭：湘潭大学出版社，2022. 02.

[4] 陈建，杨自栋 . 农业机械化管理学 [M]. 北京：中国农业出版社，2022. 09.

[5] 戈双启 . 农业机械设备使用与维护 [M]. 长春：吉林人民出版社，2022. 02.

[6] 乔方彬 . 转基因技术和机械化对中国农业发展的影响 [M]. 北京：科学出版社，2022. 02.

[7] 潘经韬 . 农业机械化服务对粮食生产的影响研究 [M]. 北京：经济科学出版社，2022. 03.

[8] 田多林，张双侠 . 农业机械制造学徒岗位手册 [M]. 北京：中国农业大学出版社，2022. 02.

[9] 林维清，周一波 . 常用农业机械安全使用和维护保养 [M]. 南京：河海大学出版社，2022. 04.

[10] 邓小明，胡小鹿，郑筱光 . 国家农业机械产业创新发展报告 (2020)（精）/ 农业机械产业创新发展蓝皮书 [M]. 北京：机械工业出版社，2022. 07.

[11] 廖宜涛，廖庆喜 . 农业科普丛书图说饲用油菜生产机械化 [M]. 北京：中国农业科学技术出版社，2022. 06.

[12] 张凤娇，杨宏图 . 收获机械构造与维修 [M]. 北京：北京理工大学出版社，2022. 10.

[13] 王庆煌，崔鹏伟 . 热带农业与国家战略 [M]. 北京：科学出版社，2022. 12.

[14] 周晓时，李谷成 . 农户农业机械使用及其生产效应研究 / 经济管理学术文库 [M]. 北京：经济管理出版社，2022. 07.

[15] 刘军 . 农业资源多维优化配置研究 [M]. 北京：中国农业出版社，2022. 07.

[16] 韦本辉，周灵芝，李艳英 . 粉垄农业 [M]. 北京：科学出版社，2022. 08.

[17] 谢冬梅 . 新时代三农问题研究书系农业机械化发展对中国粮食生产的影响研究

[M]. 成都：西南财经大学出版社，2022. 07.

[18] 徐岩，马占飞，马建英 . 农机维修养护与农业栽培技术 [M]. 长春：吉林科学技术出版社，2022. 08.

[19] 王晓霞，王慧芳，刘骏 . 现代农业生产技术与果蔬栽培研究 [M]. 长春：吉林科学技术出版社，2022. 05.

[20] 张玉屏，陈惠哲 . 水稻机械化生产技术丛书水稻覆膜机插栽培技术图解 [M]. 北京：中国农业科学技术出版社，2022. 10.

[21] 陈江华 . 农地确权对农业生产环节外包及要素配置的影响研究 [M]. 北京：中国农业出版社，2022. 12.

[22] 邓小明，胡小鹿，柏雨岑 . 国家农业机械产业创新发展报告 2019[M]. 北京：机械工业出版社，2021. 01.

[23] 周培 . 现代农业理论与实践 [M]. 上海：上海交通大学出版社，2021. 02.

[24] 胡霞，刘方洲，刘旺 . 农业机械安全使用技术 [M]. 北京：化学工业出版社，2021. 08.

[25] 余欣荣，杜志雄 . 当代世界农业 [M]. 北京：中国农业出版社，2021. 12.

[26] 张宗毅 . 全国丘陵山区农业机械化监测报告 [M]. 天津：南开大学出版社，2021. 11.

[27] 侯书林 . 普通高等教育农业农村部十三五规划教材机械制造技术基础 [M]. 北京：中国农业出版社，2021. 11.

[28] 胥明山 . 粮食生产全程机械化技术与装备 [M]. 北京：中国农业科学技术出版社，2021. 02.

[29] 梁书民 . 全球农业资源可持续利用方略 [M]. 北京：中国农业出版社，2021. 03.

[30] 余德贵，李中华 . 普通高等教育农业农村部十三五规划教材农业经营与管理 [M]. 北京：中国农业出版社，2021. 02.

[31] 朱宪良 . 机械化深松与保护性耕作技术 [M]. 青岛：中国海洋大学出版社，2021. 11.

[32] 王万章 . 小麦收获机械化生产技术 [M]. 北京：中国农业出版社，2021. 08.

[33] 刘伟，许西惠 . 高等职业教育机械类专业系列教材机械设计基础 [M]. 北京：机械工业出版社，2021. 11.

[34] 杨进 . 中国农业种植结构转型研究 [M]. 北京：中国农业出版社，2021. 08.